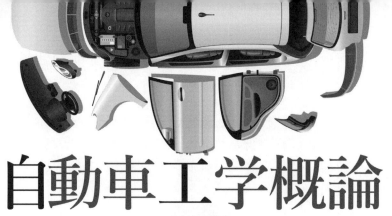

自動車工学概論

［第2版］

Introduction to
Automotive
Engineering

竹花 有也【著】
Yuya Takehana

Ohmsha

初版のはしがき

1885 年，ドイツの G. ダイムラーが，馬車の車体にガソリンエンジンを載せた自動車の試作に成功して以来，自動車は，その時代時代の科学技術を背景に力強く発達し，110 年が過ぎようとしています．そして，現在，自動車は，社会のあらゆる分野において重要な役割を果たしているとともに，自動車工業が，わが国の基幹産業として重要な位置を占めていることは誰もが認めるところです．

現在の自動車は，荷物を運んだり人間の足となったりといった役割を果たせば充分であった時代の自動車とは違い，快適な乗り心地と居住性，高度な機動性・操縦性・安定性，人身に対する安全性など，数々の点において高い要求がされています．その要求に応えるべく，自動車産業界では，構造・性能面において，すべての学問分野の研究や実験の成果をとり入れ，技術面でもすべての工業技術を結集し，今やその要求のほとんどが満たされているといっても過言ではありません．

本書「自動車工学概論」は，1958 年，村本進氏によって著述，1967 年に仲嶋正之氏によって改訂され，広く普及した「初学者のための自動車工学」（理工学社刊）をもとに，今般，時代の推移を考慮して，私が全面的に改稿しました．自動車がなぜ走るのか，なぜ止まるのか，なぜ曲がるのかなど自動車の基本的な原理・構造・機能を，多くの写真・図・表を用い，理解しやすくまとめるとともに，とくに，めざましい発展を遂げている最近の自動車産業に対応させるため，電子制御を利用した装置や技術・新素材については多くのページをさき，また，単位系には，従来の重力単位系（MKS 単位系）ではなく，計量単位を国際的に統一するためにつくられた国際単位系（SI）を採用し，次世代に対応できるようにしました．

本書が，自動車を学ぼうとしている多くの皆さんの入門書として役立つことができれば，著者として望外の喜びです．

もとより，著者の浅学のため，不充分な点が多々あると思いますが，読者の皆さんのご指摘をいただき，今後改めていく所存でおります．

なお，執筆にあたり，多くの資料を提供していただいた企業各位，ならびに参考にさせていただいた多くの文献の著作者の皆さまに対し，心より感謝申し上げます．

　最後に，今日まで公私にわたりご指導くださいました財団法人日本私学教育研究所常務理事所長で工学院大学附属高等学校名誉校長の遠藤鎮雄先生，ならびに，本書の執筆にあたり終始お世話になりました理工学社の天明友之氏に深く感謝の意を表します．

　1995 年 7 月

著　者

資料提供（五十音順，敬称略）
いすゞ自動車株式会社
出光石油株式会社
河口湖自動車博物館
株式会社小糸製作所
株式会社ゼクセル
トヨタ自動車株式会社
株式会社ブリヂストン
日産自動車株式会社
日本放送出版協会
マツダ株式会社
三国工業株式会社
株式会社ユアサコーポレーション

第2版の発行にあたって

　地球温暖化による気候変動が，世界各地に大きな影響や被害を与えています．その一因に自動車があげられています．"脱ガソリン車"が叫ばれ，自動車産業は電気自動車へシフトしようとしています．今ほど自動車を取り巻く環境が厳しい時代はないと思います．これからの自動車は，地球や人類をはじめとするあらゆる生物に優しいものでなければなりません．

　現在の自動車には，IT（情報技術）や AI（人工知能）の活用によって多くの ECU（電子制御）が搭載され，自動車の運転性能の向上，環境への配慮や安全性などが追求された装置が研究・開発され，実用化されてきています．このような時代でも自動車を学ぶうえで大切なことは，まず自動車の基礎・基本をしっかり身につけ，原理や構造，機能などを理解することです．

　本書は，1995 年に初版を発行してから 26 年にわたって，多くの読者に愛読されてきました．自動車が大きな転換点を迎えているこの時期に，新たな電子制御技術や先進技術，先端材料などを加え，改訂しました．また，文章をより平易に明確に，挿図をわかりやすくし，読みやすく理解しやすいように工夫しました．本書が自動車を学ぼうとする次世代の方々に役立つことを切に願っています．

　おわりに，第2版の発行にあたり終始お世話になったオーム社のみなさまに深く感謝の意を表します．

2021 年 2 月

著　者

目次

3章 ┃ エンジン本体

4章　燃料装置

5章 │ 冷却装置

6章 │ 潤滑装置

7章 ｜ 吸気・排気装置

8章 ｜ 電気装置

9章 動力伝達装置

10章 制動装置

11章 ┃ ステアリング装置と走行装置

15章 自動車のいま・これから

1

総説

1·1 | 自動車とは

1. 自動車の発達史

人類が陸上で物を運ぶ手段として最初に利用した道具はソリであった．やがて，台の下にコロを入れる方法を知り，次に，コロにシャフトを通したホイールを発明し，このホイールをつけた台車を馬などの家畜に引かせ，動物の力を有効に利用できるようになった．

動物のもつエネルギーを輸送に用いていた歴史は長かったが，1600年頃，帆かけ舟にホイールをつけたような風力帆走車が出現し，自動車誕生の胎動が始まり，1769年，蒸気機関を搭載した蒸気自動車が生まれた．自動車発達のあとを，年号を追って振り返ってみよう（図 1·1 参照）．

1600年頃，オランダのシモン・スティーブン（Simon Stevin）が風力帆走車を発明．28人の客を乗せて時速 34 km で 2 時間走ったと伝えられている．

1765年，イギリスのジェームス・ワット（James Watt）が蒸気機関を完成．これが産業革命の原因となった．

1769年，フランスのジョセフ・キュニョ（Joseph Cugnot）が最初の前輪駆動の蒸気三輪自動車を発明〔図 1·1（a）〕．以来，約 1 世紀の間にいろいろな蒸気自動車がつくられ，速度も走行時間も改善され，全盛をきわめた．

1839年，イギリスの R. アンダーソン（R. Anderson）が最初の電気自動車を発明したが，電池の重すぎることや充電の煩雑さなどの問題が改良できなかった．

1876年，ドイツのニコラス・オットー（Nikolaus A. Otto）が 4 サイクルガスエンジンを発明〔図 1·1（b）〕．これがガソリンエンジンの元祖であり，内燃機関を飛躍的に発展させる第一歩となった．

1881年，イギリスのデュガルド・クラーク（Dugald Clerk）が 2 サイクルエンジンを発明．いまでも小型自動車やオートバイなどに広く用いられている．

1885年，ドイツのゴッドリープ・ダイムラー（Gottlieb Daimler）がガソリンエンジンを発明．馬車の車体にガソリンエンジンを載せた自動車の試作に成功．また，1893年に，現在のような霧吹きキャブレータを考案してガソリンエンジンを完成し，4 輪ガソリン自

（a） キュニョの蒸気自動車（2シリンダ，約50 *l*，3.5 〜 3.9 km/h）

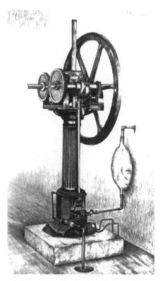

（c） ダイムラーのガソリン自動車
（1シリンダ，0.46 *l*，0.81 kW，18 km/h）

（b） オットーのガスエンジン

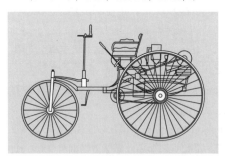

（d） ベンツの三輪自動車
（1シリンダ，0.99 *l*，0.65 kW，15 km/h）

（e） T形フォード
（水冷，4シリンダ，2.9 *l*，14.71 kW）

図1・1 自動車の変遷

動車を誕生させた〔図 **1・1**（c）〕.

　同じ 1885 年，ドイツのカール・ベンツ（Karl Benz）は，独自にガソリンを燃料とするエンジンを発明し，実用的な 3 輪自動車を開発した〔同図（d）〕．のちにベンツとダイムラーはダイムラー・ベンツ社をつくり，名車メルセデス・ベンツを発表している．

　1892 年，ドイツのルドルフ・ディーゼル（Rudolf Diesel）はディーゼルエンジンを開発．軽油・重油などの安価な燃料が使用でき，熱効率もよいので，現在でも広く用いられている．

1896 年，アメリカのヘンリー・フォード（Henry Ford）がフォード第 1 号車を完成．続いて，A 形フォード，T 形フォード〔図 **1·1**（**e**）〕を発表し，自動車の量産化の先べんをつけた．

その後，チューブを用いた空気入りタイヤ，円形ハンドル，イグニションキー，セルフスタータなどの発明・開発がなされ，自動車は，その時代の科学技術を背景として力強く発展していった．

1959 年，ドイツの F. バンケル（Felix Wankel）によってロータリエンジンが考案され，その後，NSU 社（現在のアウディ社）との共同開発により，自動車用原動機として実用化された．

また，鉛電池からニッケル−亜鉛（Ni-Zn）電池やナトリウム−硫黄（Na-S）電池などの高性能の電池が開発され，電気自動車が実用化された．電気自動車とほかの動力源と組み合わされた**ハイブリッド**（hybrid）**自動車**も実用化されている．

現在，ガスタービン，水素ガスエンジン，スターリングエンジン，天然ガスエンジン，アルコールエンジンなども自動車用原動機として実用化の研究・開発も行なわれており，すでに実際に用いられているものもある．ちなみに，日本では 1904 年，山羽虎夫が山羽式蒸気自動車を完成させている．ガソリン自動車は，1907 年，吉田慎太郎と山内駒之助によってつくられた "タクリー号" が第 1 号とされている．

2. 自動車の定義

日本の交通法規では，**自動車**（automobile, motor vehicle, motor car）を次のように定義している．

"自動車とは，原動機を用い，かつ，レールまたは架線によらないで運転する車であって，原動機付き自転車以外のものをいう．"

一方，**日本産業規格**〔Japanese Industrial Standard：**JIS**（日本工業規格を 2019 年 7 月改称）〕では，自動車を次のように定義している．

"自動車とは，原動機とかじ取り装置などを備え，それらを用い乗車して地上を走行できる車両である．"

以上の定義は，自動車が自動車であるための最低の条件であるが，今日のように社会の生活文化の水準が高度になるにつれて，自動車にもさまざまな要求がされている．

快適な乗り心地と居住性，高度な機動性・操縦性・安定性，人身や環境に対する安全性などに高い性能が要求されているので，これらの性能をすべて備えてこそ，ほんとうの自動車といえる．

本書では，自動車に関して JIS を基準として取り扱っていくこととする．

1·2 自動車の種類

自動車は，**JIS D 0101：1993** の "自動車の種類に関する用語" によって，次のように大別されている．

① 用途・形状による分類

② 構造による分類

③ 原動機による分類

④ その他の分類

ここでは，これらを基準として自動車を分類する．

1. 用途・形状による分類

① **乗用車**（passenger car） おもに少数の人を輸送する目的のための自動車．

② **バス**（bus） おもに多数の人を輸送する目的のための自動車．法規上では乗車定員 11 名以上をバスとし，10 名以下を乗用車としている．

③ **トラック**（truck） おもに貨物を輸送する目的のための自動車．

④ **トラクタ**（tractor） ほかの車両などをけん引するための自動車．

⑤ **特別用途車** 特別の目的のために，特殊なボデーにしたり，装置・器具などをつけたりした自動車．

⑥ **特別装備車** 自動車に特別な機械を取り付け，それを自動車の原動機で駆動する自動車．

⑦ **特殊車** 特定の場所で荷物の運搬や荷役の作業に用いる自動車．

（1） **乗用車の種類**（図 1·2）

（i） **形式による分類**（〔 〕内は慣用語を示す）

① **サルーン**（saloon）〔**セダン**（sedan）〕 2 列で 4 席以上の座席をもつ箱形乗用車．この形式のうち，側面の窓が中柱（center pillar）で分割されていないものを〔**コーチ**（coach）〕あるいは〔**ハードトップ**（hard top）〕という．

② **プルマンサルーン**（pullman saloon）〔**リムジン**（limousine）〕 前後席の間に仕切りのある箱形乗用車．座席は少なくても 2 列で，4 席以上である．

③ **コンバーチブルサルーン**（convertible saloon） 車体側面の窓枠などは固定で，屋根が任意に開閉できる乗用車．

④ **ステーションワゴン**（station wagon）〔**エステートカー**（estate car）〕 乗用が主であるが，荷物の運搬も兼ねた箱形乗用車．

⑤ **クーペ**（coupé） 運転者を主体とした箱形乗用車で，後部座席容積が小さい．

⑥ **コンバーチブル**（convertible） 車体側面の窓枠などを含む幌式の屋根が任意に開

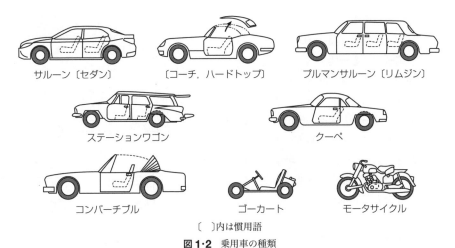

サルーン〔セダン〕　　〔コーチ，ハードトップ〕　　プルマンサルーン〔リムジン〕

ステーションワゴン　　　　　　　　クーペ

コンバーチブル　　　　　ゴーカート　　　　モータサイクル

〔　〕内は慣用語

図1·2　乗用車の種類

閉できる乗用車.

（ii）　用途による分類

①　**ツーリングカー**（touring car）　ふつうに実用されている乗用車.

②　**スポーツカー**（sports car）　おもに運転を楽しむためにつくられた軽快な乗用車.

③　**レーシングカー**（racing car，racer）　競走専用の自動車.

④　**ゴーカート**（gocart）　1人乗りの小型でボデーのない媒楽用の自動車.

　以上が，用途によって分類される乗用車のおもなものであるが，最近，次にあげるような呼び方をするものも多いので，参考としてあげておく.

①　**グランドツーリングカー**（grand touring car：GT）　速度が速く，トランクなどに荷物がたくさん積める形の車の代名詞であったが，それが転じて高性能な車のことをさすようになった.

②　**ハッチバック**（hatchback）　船のハッチに似たドアが車の後部にある構造の車の総称. 乗用車の用途を広げるための手段として，広い荷室を得るために工夫したものである.

③　**レクリエーショナルビークル**（recreational vehicle：RV）　休日の楽しみなどのときに使う車. つまり，娯楽用の車だから，外観・内装・装備などがそれなりに工夫してつくられている.

　（iii）　**二輪自動車**　2個のホイールをもつ自動車を二輪自動車（two-wheeled vehicle）といい，次のような種類がある.

①　**モペット**（moped）　最高速度が 50 km/h 以下に設計されているか，あるいはその原動機が，熱機関の場合には，総行程容積が 0.05 l 以下の二輪または三輪自動車.

②　**モータサイクル**（motor-cycle，通称 auto-bicycle，auto-bi）　モペットを除く二

輪または三輪自動車.

（2） バスの種類（図1·3）

（i） 形式による分類

① **ボンネットバス**（cab-behind-engine bus）
エンジンが運転席の前方にあるバス.

② **キャブオーババス**（cab-over-engine bus）
エンジンが運転席の下方にあるバス.

③ **箱形バス**（coach bus） 全体が箱形をしているバス．エンジンは通常，後部にある.

④ **ライトバス**（light bus） 運転者を含めた乗車定員が30名未満のバス.

⑤ **マイクロバス**（micro bus），ミニバス（mini bus） 運転者を含めた乗車定員が17名未満のバス.

⑥ **二階バス**（double deck bus） 2階にも乗車設備のあるバス.

ボンネットバス

キャブオーババス

箱形バス

図1·3 バスの種類

（ii） 用途による分類

① **市内バス**（urban bus, city bus） おもに市内の輸送に用いられるバス.

② **中距離バス**（interurban bus） 都市を起点に周辺の小都市との間の輸送に用いられるバス.

③ **長距離バス**（intercity bus） 長距離の都市間の輸送に用いられるバス.

④ **ワンマンバス**（one-man control bus） 運転者が車掌業務を兼ねるバス.

⑤ **観光バス**（sightseeing bus） 観光客を輸送することに用いられるバス.

⑥ **スクールバス**（school bus） 学校に通う人を輸送することに用いられるバス.

（3） トラックの種類（図1·4）

① **ボンネットトラック**（cab-behind-engine truck） エンジンが運転席の前方にあるトラック.

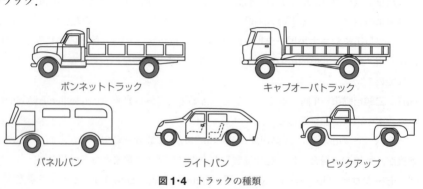

ボンネットトラック　　　　　キャブオーバトラック

パネルバン　　　　ライトバン　　　　ピックアップ

図1·4 トラックの種類

② キャブオーバトラック（cab-over-engine truck）　エンジンが運転席の下方にあるトラック.

③ バン（van）　箱形荷物室を備えているトラック.

④ パネルバン（panel van）　運転室と荷物室とが一体となっている屋根のあるトラック.

⑤ ライトバン（light van）　小型のパネルバン.

⑥ ピックアップ（pick-up）　荷物室の屋根がなく，側板が運転台と一体になっている小型のトラック.

　最近，SUV（sport utility vehicle）と呼ばれる車が多くなっているが，スポーツ多目的車のことで，本来，ピックアップトラックの荷台にシェル（shell）と呼ばれる居住・荷室空間をつくった車のことであるが，現在では，本格的なオフロード（悪路）走行用の四輪駆動車や両者を合わせたような外観をもつ車などの総称として使われている.

（4）トラクタやトレーラの種類（図1·5）

① トラクタ

1）フルトレーラトラクタ（trailer-towing vehicle）　おもにフルトレーラをけん引するようにつくられたトラクタ.

2）セミトレーラトラクタ（semi-trailer-towing vehicle）　おもにセミトレーラをけん引するようにつくられたトラクタ.

② トレーラ（trailer, towed vehicle）　けん引される構造の車両.

1）フルトレーラ（full-trailer）　総荷重をトレーラだけで支えるようにつくられたトレーラ.

2）セミトレーラ（semi-trailer）　総荷重の一部がトラクタによって支えられるようにつくられたトレーラ.

3）キャラバン（caravan）　移動居住空間をもつフルトレーラ.

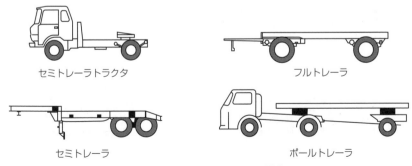

セミトレーラトラクタ　　　　　　　　　フルトレーラ

セミトレーラ　　　　　　　　　　　　ポールトレーラ

図1·5　トラクタやトレーラの種類

4) ポールトレーラ（pole trailer） 電柱のような長尺ものを積載できるトレーラ.

（5） 特別用途車の種類

宣伝車（sound truck），救急車（ambulance），郵便車（mail van），冷蔵車（insulated vehicle）などがある.

（6） 特別装備車の種類（図**1·6**）

タンク車（tank truck），ダンプ車（dump truck），ミキサ車（truck mixer），衛生車（vacuum car），消防車（fire – fighting vehicle），レッカー車（wrecker truck），冷凍車（refrigerated venicle）などがある.

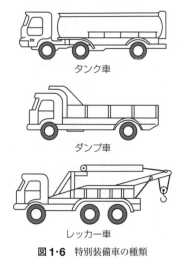

タンク車

ダンプ車

レッカー車

図1·6 特別装備車の種類

（7） 特殊車の種類

道路上以外で使用される車両のこと（図**1·7**）．産業用トラクタ（industrial tractor），フォークリフトトラック（fork lift truck），ショベルローダ（shovel loader），構内運搬車（fixed platform truck），ロードローラ（road roller），タイヤローラ（tired roller），モータグレーダ（motor grader），モータスクレーパ（motor scraper），トラクタショベル（tractor shovel），自走クレーン（mobile crane），エクスカベータ〔excavator，パワーショベル（power shovel）ともいう〕などがある.

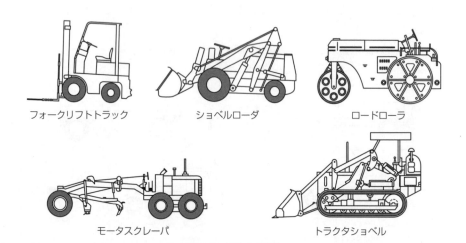

フォークリフトトラック　　　ショベルローダ　　　ロードローラ

モータスクレーパ　　　トラクタショベル

図1·7 特殊車の種類

2. 構造による分類

（1） 走行方式による分類

① **ホイール自動車**（wheeled vehicle） 走行装置としてホイールを備えている自動車.

② **履帯自動車**（crawler vehicle） 走行装置として**履帯**〔通称 **キャタピラ**（caterpiller）〕を備えている自動車.

③ **半履帯自動車**（semi-crawler vehicle） 駆動装置として履帯を備え，ステアリング装置としてホイールを備えている自動車. 雪上を走行するため，ホイールの代わりにスキーを備えているものもある.

（2） ドライブホイールによる分類

① **フロントホイールドライブ自動車**（front-wheel-drive vehicle） フロントホイールに動力を伝達して駆動する自動車.

② **リアホイールドライブ自動車**（rear-wheel-drive vehicle） リアホイールに動力を伝達して駆動する自動車.

③ **オールホイールドライブ自動車**（all-wheel-drive vehicle） フロント・リアのホイールに動力を伝達して駆動する自動車. 最近，**4WD** と呼ばれる自動車が多いが，フロント・リアホイールすべてに駆動力を伝達するオールホイールドライブ自動車であり，**四輪駆動**（four-wheel-drive）を略して "4WD" と呼んでいる.

（3） エンジンの位置による分類

① **フロントエンジン自動車**（front engine vehicle） 原動機をボデーの前部に置いている自動車.

② **リアエンジン自動車**（rear engine vehicle） 原動機をボデーの後部に置いている自動車.

③ **アンダフロアエンジン自動車**（underfloor engine vehicle） 原動機をボデーの床下に置いている自動車. 観光バスなどは車室を広くとる必要があるので，床下にエンジンを置くが，床の高さに制限があるため，エンジンの形状は高さが低い偏平につくられている. 一般に，このような形状のエンジンのことを**パンケーキエンジン**（pancake engine）と呼んでいる.

④ **ミッドシップエンジン自動車**（midship engine vehicle） ミッドシップとは，"船体の中央部" という意味であり，自動車では，エンジンがフロント・リアのホイールの間に置かれているものをこう呼んでいる. アンダフロアエンジンもミッドシップである.

（4） エンジンの位置とドライブホイールの組合わせによる分類（図 1·8）

① **フロントエンジン－フロントホイールドライブ自動車**（front engine-front wheel drive vehicle：FF 車） エンジンをボデー前部に置き，フロントホイールを駆動する方式. これは，動力伝達装置がまとまることによって生産価格が低減でき，床の張出しもなく，

 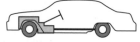 

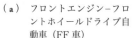

（a） フロントエンジン–フロ　　　（b） フロントエンジン–リア　　　（c） リアエンジン–リアホ
　　ントホイールドライブ自　　　　　ホイールドライブ自動車　　　　ィールドライブ自動車
　　動車（FF車）　　　　　　　　　（FR車）　　　　　　　　　　　　（RR車）

図 1・8 エンジンの位置とドライブホイールの組合わせ

居住性もよい．しかし，質量配分がボデー前部に片寄っているので，操縦性・安定性にその特性が出る．多くの乗用車がこの方式を採用している．

　② **フロントエンジン–リアホイールドライブ自動車**（front engine-rear wheel drive vehicle：**FR車**）　エンジンをボデー前部に置き，リアホイールを駆動する方式．これは，エンジンや動力伝達装置の位置の自由度が高いので，設計が容易であり，質量配分も適性なので，操縦性・安定性もよい．最も多く採用されている標準的な組合わせである．

　③ **リアエンジン–リアホイールドライブ自動車**（rear engine-rear wheel drive vehicle：**RR車**）　エンジンをボデー後部に置き，リアホイールを駆動する方式．これは，FF車と同じような特徴をもち，走行騒音が室内に入りにくいという利点はあるが，トランク容積が少なくなることやエンジンの冷却に問題があり，乗用車にはあまり採用されず，バスなどに用いられている方式である．

　④ **その他の組合わせ**　アンダフロアエンジンやミッドシップエンジンは，リアホイールを駆動する方式との組合わせで採用されている．アンダフロアエンジン–リアホイールドライブ式はバスに多く採用されており，ミッドシップエンジン–リアホイールドライブ式はレーシングカーやスポーツカーに採用されている．

（5） フレームの有無による分類

　① **フレーム構造自動車**（vehicle with frame construction）　車両の骨格になるフレームをもち，スプリング，アクスル，エンジン，ボデーなどを取り付ける自動車．

　② **フレームレス自動車**（vehicle with integral chassis-body construction）　フレームがなく，シャシとボデーとを一体にして強度をもたせた自動車．乗用車はほとんどこのタイプである．

3. 原動機による分類

　① **ガソリン自動車**（gasoline-fueled automobile）　原動機としてガソリンエンジンを備えている自動車．ガソリンエンジンは，自動車用原動機の主力である．

　② **ディーゼル自動車**（diesel-powered automobile）　原動機としてディーゼルエンジンを備えている自動車．ディーゼルエンジンは，バス・トラックなどの大型車用の原動機として広く用いられているが，小型車にも採用されている．

　③ **ガス自動車**（gaseous fuel automobile）　原動機としてガスエンジン（燃料は天然

ガスや石炭ガスなどの気体燃料）を備えている自動車．公共のバスで使われている．

④　**LP ガス自動車**（liquefied petroleum gas automobile）　原動機として LP ガス（液化石油ガス）を燃料とするガスエンジンを備えている自動車．ハイヤーなどの営業用自動車に多く採用されている．

⑤　**その他**　電動機を備えた**電気自動車**（electric vehicle），バッテリを電源とする**バッテリカー**（battery car），ガスタービンを備えた**ガスタービン自動車**（gas-turbine automobile）などが実用化されている．また，法規上ではバスとして取り扱われていないが，架線から電力を受け，電動機で動くトロリーバス（trolley bus）もある．しかし，最近ほとんど見かけられない．

なお，現在は研究段階ではあるが，アルコールや水素ガスなども自動車用の燃料として開発されているので，これらの原動機も自動車用として実用化される時代がくる．

4.　その他の分類

その他，商用車，営業用車，自家用車の分類もある．また，大型車，普通車，小型車，軽自動車という分類がよく使われるので，以下に定義する．

①　**大型車**　自動車の総質量が 8000 kg もしくは最大積載質量が 5000 kg，または乗車定員が 11 名以上の自動車．

②　**普通車**　大型自動車，小型自動車，軽自動車以外の自動車．

③　**小型車**　全長 4.7 m 以下，全幅 1.7 m 以下，全高 2 m 以下で，原動機が，内燃機関の場合は，2 l 以下（ディーゼルエンジンは無制限）の四輪以上の自動車および軽自動車以外の二輪または三輪自動車．

④　**軽自動車**　全長 3.4 m 以下，全幅 1.48 m 以下，全高 2 m 以下で，原動機が，内燃機関の場合は，0.66 l 以下の二輪以外の自動車，および全長 2.5 m 以下，全幅 1.3 m 以下，全高 2 m 以下で，原動機が内燃機関の場合は，0.125 l 以下の二輪自動車．

最近の軽自動車に，**スーパーハイトワゴン**（super height wagon）あるいは軽ハイトワゴンと呼ばれる車種が多く見られるが，子育て世代に人気のある全高 1.7 m くらいのボックスタイプの軽自動車のことである．

1·3 ┃ 自動車の諸元

自動車の寸法，質量，性能などをまとめて**自動車の諸元**という．

1.　自動車の寸法（図 1·9）

①　**全長**（motor vehicle length）　自動車の最前端から最後端までの距離（基本単位 m）．

②　**全幅**（vehicle width）　自動車のボデーの横幅の距離（基本単位 m）．

③　**全高**（vehicle height）　接地面から自動車のボデーの最高部までの距離（基本単位

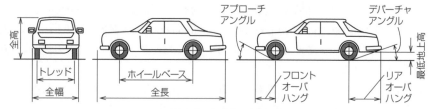

図1·9 自動車の寸法

m).

④ **ホイールベース**（wheel base）　自動車のフロントホイールとリアホイールの中心間距離．軸距（基本単位 m）．

⑤ **トレッド**（tread）　左右ホイールの中心間距離．輪距（基本単位 m）．

⑥ **最低地上高**（ground clearance）　接地面とボデーの最下部との距離（基本単位 m）．

⑦ **フロントオーバハング**（front overhang）　フロントホイール中心から自動車の最前端までの距離（基本単位 m）．

⑧ **リアオーバハング**（rear overhang）　リアホイール中心から自動車の最後端までの距離（基本単位 m）．

⑨ **アプローチアングル**（approach angle）　自動車の前部下端からフロントホイールタイヤ外周への結ぶ線と路面とがなす角度（基本単位 °）．

⑩ **デパーチャアングル**（departure angle）　自動車の後部下端からリアホイールタイヤ外周への結ぶ線と路面とがなす角度（基本単位 °）．

2. 自動車の質量・荷重

① **空車質量，車両質量**（complete vehicle kerb weight）　走行に必要な装備（燃料，油など）をして空車状態の自動車の質量（基本単位 kg）．

② **最大積載荷重，最大積載量**（maximum authorized payload）　積載できる最大の質量（基本単位 N）．

③ **乗車定員**（riding capacity）　座席，立席から割り出される乗車できる人数．

④ **自動車総荷重，自動車総質量，車両総質量**（maximum authorized, total weight）　空車質量，最大積載量および乗車定員（1人当たり 55 kg．12歳未満の小児は3名で乗車定員2名に換算）の質量の総和（基本単位 kg）．

3. 自動車の性能

① **登坂能力**（hill climbing ability）　自動車が最大積載状態で登坂できる能力で，その最大傾斜角の正接（b/a）を表わしたもの（図 **1·10**）．

② **最高速度**（maximum speed）　最大積載状態の自動車が水平平坦路面で出すことができる最高の速度（基本単位 km/h）．

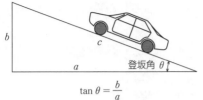

$$\tan \theta = \frac{b}{a}$$

図 1·10 登坂能力の表わし方

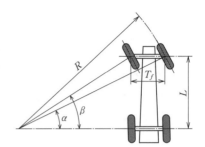

$R = \dfrac{L}{\sin \alpha}$ ：最小回転半径

T_f：トレッド

L：ホイールベース

図 1·11 最小回転半径

③ **燃料消費量**（fuel consumption）　自動車が，ある走行距離の間，またはある走行時間に消費する燃料の量（基本単位 l/km，l/h）．

④ **最小旋回半径，最小回転半径**（minimum turning radius）　自動車が最大のターニング（かじ取り角）で徐行したとき，最も外側を走ったタイヤの接地中心の描く軌跡の半径（図 1·11）のこと（基本単位 m）．

1·4 | 自動車の構造

自動車は，構造上シャシ（chassis）とボデー（body）とに大別できる．図 1·12 は自動車の構造の一例を示したものである．

1. シャシ

シャシ（chassis）は，自動車が走行するのに直接必要な部分であり，次の各装置から構成されている．図 1·13 はシャシ各部を示したものである．

① **原動機**（prime mover）　自動車用原動機としてガソリンエンジンやディーゼルエンジンなどの内燃機関が多く用いられている．自動車を走行させるための動力を発生する部分である．

② **動力伝達装置**（transmission system, drive line, power train）　エンジンが発生した動力をドライブホイールまで伝達する装置．

③ **制動装置**（brake system）　走行中の自動車を減速または停止させる装置．

④ **ステアリング装置**（steer-

図 1·12 自動車の構造

ing system) ステアリングホ
イールでフロントホイールの向き
を変えるかじ取りの装置.

⑤　**走行装置**（running system）
走行に必要なアクスルやホイー
ルなど，いわゆる足回りの装置.

⑥　**フレーム**（frame）　自動
車の骨格に相当する部分で，フレー
ムにボデーを取り付ける．乗用車
では，ボデーに強度を受けもたせ

図1·13 シャシ

てフレームを用いない構造のものが多い.

⑦　**サスペンション装置**（suspension system）　フレームあるいはボデーとアクスルと
を結合する部分で，スプリングやショックアブソーバなどをいう.

⑧　**付属装置**　電気装置や計器類，ホーン，ワイパ，ドアミラーなどをいう.

2.　ボデー

ボデー（body）は，乗用車では運転者および乗客の座席や荷室を設ける部分，トラッ
クでは荷物を積載する部分などであり，板金構造でつくられている.

2

自動車用エンジン

2·1 自動車用エンジンについて

原動機（prime mover）は，電気・熱・水・空気・光・原子力などがもっているエネルギーを機械的エネルギー（動力）に変換する装置である．

熱エネルギーを利用する原動機は**熱機関**（heat engine）と呼ばれ，**外燃機関**（external combusion engine）と**内燃機関**（internal combusion engine）とがある．

外燃機関は，燃料をエンジン本体の外部で燃やして，そのとき発生する熱エネルギーでボイラ内の水を蒸気に変え，蒸気力で動力を得る装置で，蒸気機関がそうである．この蒸気機関は，かつては自動車用エンジンに用いられた時代もあった．しかし，ボイラなど本体以外の装置が大きく，出力は小さく，質量が大きいので，いまは用いられていない．

現在，自動車用原動機として用いられているものは，ガソリン，軽油，重油などの液体燃料をエンジン本体内部で燃やして，そのとき発生する熱エネルギーを直接動力に変える内燃機関である．内燃機関は出力当たりの質量が軽く，小型化でき，取扱いも容易である．

内燃機関は，**ガソリンエンジン**（gasoline engine），**ディーゼルエンジン**（diesel engine），**液化石油ガスエンジン**（liquefied petroleum gas engine：LPG エンジン），**ロータリエンジン**（rotary engine）や**天然ガスエンジン**（natural gas engine）などが自動車用の原動機として用いられている．また，電気エネルギーを利用する**電動機**（motor）も電気自動車の原動機として用いられている．

なお，**水素ガスエンジン**（hydrogen engine）や**スターリングエンジン**（Stirling engine），**ガスタービン**（gas turbine）などを原動機とする自動車の実用化も研究・開発が進められている．

2·2 ガソリンエンジンの働き

1. 動力の発生

ガソリン（gasoline）は，おもに炭素と水素からできていて，燃やすと酸素と激しく化合し，高熱のガス（おもに炭酸ガスと水蒸気）を発生する．このとき，ガソリンを気化し

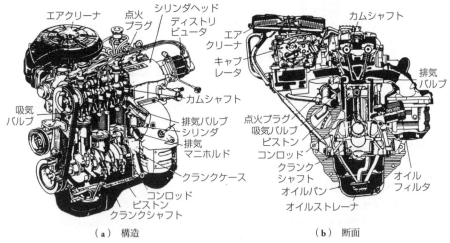

エアクリーナ 点火プラグ シリンダヘッド ディストリビュータ

カムシャフト

エアクリーナ キャブレータ

排気バルブ

吸気バルブ

カムシャフト 排気バルブ シリンダ 排気マニホルド クランクケース コンロッド ピストン クランクシャフト

点火プラグ 吸気バルブ ピストン コンロッド クランクシャフト オイルパン オイルストレーナ

オイルフィルタ

(a) 構造 　　　　　　　　　　　　　(b) 断面

図2·1 ガソリンエンジン

てガス状にし，圧縮してから燃やすと，燃焼は非常に激しく行なわれる．これを**爆発**という．

　ガソリンエンジンは，この爆発のときのガスの急激な膨張による爆発圧力を利用して回転力を得ており，図2·1(a)のような構造をしている．その働きは，次のような四つの作用の繰返しで行なわれる．

　はじめに，燃焼に必要なガソリンと空気とを混合した**混合気**（fuel-air mixture）をシリンダ内に吸入し，そして，高い爆発圧力を得るためにピストンで混合気を圧縮し，次に，スパーク（spark）で混合気を点火爆発させ，その圧力をピストン→コンロッドを通してクランクシャフトに伝えて回転運動を得て，最後に燃焼後のガスすなわち**排気ガス**（exhaust gas）をシリンダ外部に排出する．

　このような繰返しの動作を**サイクル**（cycle）という．

　なお，このサイクルにおいて，ピストンが上がりきった位置を**上死点**（top dead center：TDC），下がりきった位置を**下死点**（bottom dead center：BDC）といい，ピストンが上下に動く距離を**ストローク**（stroke：行程）という．

　ガソリンエンジンには，以上の四つの作用（1サイクル）を，ピストンの2往復で行なう**4サイクルガソリンエンジン**（four cycle gasolin engine）と，1往復で行なう**2サイクルガソリンエンジン**（two cycle gasolin engine）がある．

2. 4サイクルガソリンエンジン

　4サイクルガソリンエンジンは，ピストンが2往復する間に1サイクルを完了し，動力を発生するエンジンである．図2·2は，4サイクルガソリンエンジンの作動順序を示した

吸気バルブ

点火プラグ

排気バルブ

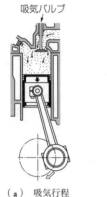 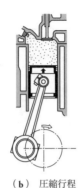 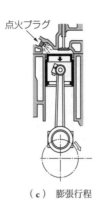 

（a） 吸気行程 　　（b） 圧縮行程 　　（c） 膨張行程 　　（d） 排気行程

図 2·2 4 サイクルガソリンエンジンの作動順序

ものである．

① **吸気行程**（suction stroke）　ピストンが上死点の位置から下降すると吸気バルブが開くので，シリンダ内に混合気が吸入される．このストロークを吸気行程という．吸気バルブは，ピストンが下死点まで下がり，さらに 1/4 ストロークくらい上昇したところで閉じる．これは，流入ガスの慣性を利用して，できるだけ多くの混合気を吸入するためである〔図（a）〕．

② **圧縮行程**（compression stroke）　吸気バルブ，排気バルブとも閉じたままの状態でピストンが上昇し，シリンダ内に吸入した混合気を 1/10 ～ 1/6 くらいの体積に圧縮する．このストロークを圧縮行程といい，ガソリンと空気の気体分子間の相互距離を短くして，燃焼を容易にさせるとともに，爆発ガスの圧力をさらに高くするためのストロークである〔図（b）〕．

③ **膨張行程**（expansion stroke）　**働き行程**（working stroke）ともいい，図（c）のように，圧縮行程の終わり頃，圧縮した混合気にスパークで点火して爆発させ，ピストンを押し下げるストロークである．このとき発生した力がコンロッドを通じてクランクシャフトに伝わり，回転運動が発生する．

④ **排気行程**（exhaust stroke）　図（d）のように，膨張行程でピストンが下死点付近まで下がったときに排気バルブが開き，ピストンが上昇してシリンダ内の排気ガスを外へ押し出すストロークである．

3. 2 サイクルガソリンエンジン

2 サイクルガソリンエンジンは，ピストンが 1 往復する間に 1 サイクルを完了して動力を発生するエンジンである．図 2·3 は，2 サイクルガソリンエンジンの作動順序を示したものである．

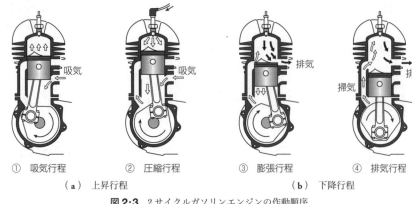

| ① 吸気行程 | ② 圧縮行程 | ③ 膨張行程 | ④ 排気行程 |

（**a**） 上昇行程　　　　　　　　　　（**b**） 下降行程

図 2·3 2サイクルガソリンエンジンの作動順序

　① **上昇行程**　ピストンが上昇するとき吸気ポートが開いてクランクケース内に混合気を吸い込み，同時に，ピストン上部では，先に吸入した混合気を圧縮して，これを点火・爆発させるストロークである〔図（**a**）〕．

　② **下降行程**　爆発によってピストンが押し下げられると，排気ポートが開いて，排気は自身の圧力で流出するが，同時に，掃気ポートが開いて，クランクケースから新しいガスが流れ込み，排気ガスを押し出すとともに，シリンダ内に新気（fresh charge）を充満させるストロークである〔図（**b**）〕．

　ここで，**掃気**（scavenging）とは，新しいガスによって排気ガスを一掃することをいい，図 2·3 のように，三つのポート（port）を通して行なう掃気方式のことを**ポート掃気**（port scavenging）という．

4. 4サイクルエンジンと2サイクルエンジンの比較

　4サイクルエンジンと2サイクルエンジンは，それぞれ特徴をもっているが，2サイクルはとくに小型のエンジンに多く使われている．

　表 2·1 は，4サイクルエンジンと2サイクルエンジンの特徴を示したものである．

5. ガソリンエンジンの構成

　ガソリンエンジンは，次の主要部によって構成される．

　① **エンジン本体**（engine mainbody）　混合気を爆発させて動力を発生する部分．

　② **潤滑装置**（lubrication system）　エンジン各部の摩擦面に必要な潤滑油を供給する装置．

　③ **燃料装置**（fuel system）　燃料をガソリンタンクからキャブレータに供給し，混合気をつくり，シリンダに送る装置．

　④ **吸・排気装置**（intake, exhaust system）　空気の吸入およびシリンダ内の排気ガ

表**2·1** 4サイクルエンジンと2サイクルエンジンの比較

4サイクルエンジン	2サイクルエンジン
クランクシャフトが2回転する間に1回の爆発がある.	クランクシャフトが1回転する間に1回の爆発があり，シリンダ数が少なくてもスムーズな回転が得られる.
四つのストロークがそれぞれ単独に行なわれるので，作用は確実で効率がよく，安定性に富んでいる.	排気・吸気の時間が短いので，作用は不確実で，熱効率が悪く，低速回転も困難である.
バルブメカニズムを必要とするので，構造が複雑となり，調整もむずかしい.	バルブメカニズムがないため，構造が簡単である.
同一排気量のエンジンでは，動力は2サイクルに比べ劣るが，燃料消費量は2サイクルより少ない.	同一排気量のエンジンでは，動力は4サイクルの約1.5倍くらい得られるが，掃気によって燃料消費量は4サイクルより多い.

スを外部に排出する装置.

⑤ **冷却装置**（cooling system） エンジンが過熱しないように適当な温度に冷却する装置.

⑥ **点火装置**（ignition system） キャブレータからシリンダ内に送られた混合気に点火する装置.

⑦ **付属装置** 電気装置，過給および過給機などの装置.

以上については，**3**章以下でくわしく説明する.

6. 液化石油ガスエンジン（**LPG**エンジン）

LPGエンジンは，石油精製の際に生ずる**液化石油ガス**（liquefied petroleum gas：LPG）を燃料とするオットーサイクルエンジンであるが，ガソリンエンジンと構造上違うところは燃料供給装置である．LPGエンジンは，ハイヤー，タクシーなどの営業車用に用いられている.

LPGエンジンをガソリンエンジンと比較すると，次のような特徴をもつ.

① 燃料が安いので，経済的にすぐれている.

② オクタン価が高いので，ノックを起こしにくい（**4**章参照）.

③ 完全燃焼しやすいので，有害物質の排出が少ない.

④ LPGスタンドの整備が遅れているので，燃料（LPG）の補給が困難である.

図**2·4**にLPGシステムの一例を示す．液化したLPGを**ベーパライザ**（vaporizer：蒸発器）で減圧・気化し，**ミキサ**（mixer）部で空気と混合しシリンダ内へ混合気を供給している.

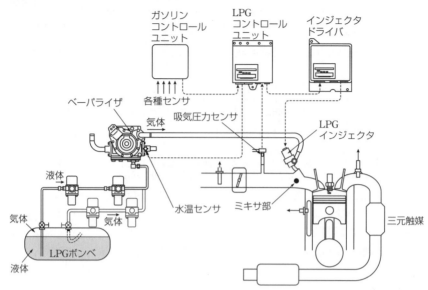

図2・4 LPGシステム

2・3 | ディーゼルエンジンの働き

1. 動力の発生

ディーゼルエンジンは，ガソリンエンジンと同様に，シリンダ内部で燃料を燃焼させて動力を発生する内燃機関である．

ガソリンエンジンは，キャブレータでガソリンと空気とを混合し，点火装置で点火して燃焼させる方式であるが，ディーゼルエンジンは，空気だけを吸入し，これを圧縮して高温にし，その中に，直接，軽油・重油などの燃料を噴射して燃焼を行なわせる圧縮点火方式のエンジンである．

図2・5に4サイクルディーゼルエンジン（外観）を示す．

図2・6は，圧縮圧力とシリンダ内の空気の温度との関係を示したものである．

ディーゼルエンジンには，ガソリンエンジンと同様に，4サイクルと2サイクルのエンジンがあり，その作用や構造はほとんど同じである．

2. 4サイクルディーゼルエンジン

4サイクルディーゼルエンジン（four cycle diegel engine）は，吸気・圧縮・膨張・排気の4作用，つまり1サイクルをピストンが2往復する間に行なう．図2・7に，その作動順序を示す．

図 2·5 自動車用ディーゼルエンジン

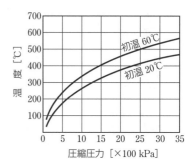

図 2·6 圧縮圧力に対するシリンダ内の
空気温度

① 　吸気行程　ピストンの下降にしたがって吸気バルブが開き，シリンダ内に空気だけ
を吸入するストロークである〔図（a）〕．

② 　圧縮行程　吸気・排気の両バルブとも閉じたままピストンが上昇して，吸入した
空気を圧縮（圧縮比 15 〜 22 くらい）するストロークで，このときの圧力は 3000 〜 5000
kPa となり，その温度は約 500 〜 700℃に達する〔図（b）〕．

③ 　膨張行程　圧縮行程の終わり頃，高圧・高温になった空気の中に，燃料噴射バルブ
で燃料を噴射すると，自然着火を起こして燃焼し，ピストンを押し下げる力が発生するス
トロークである．燃料噴射バルブの噴射圧力は 10000 〜 12000 kPa の高圧で，噴射の時
期はピストンの上死点少し前から始まり，一定時間続けられる〔図（c）〕．

④ 　排気行程　膨張行程で押し下げられたピストンが下死点に近づくと，排気バルブが

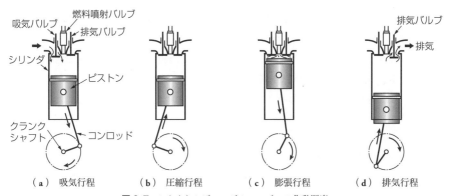

（a）　吸気行程　　　（b）　圧縮行程　　　（c）　膨張行程　　　（d）　排気行程
図 2·7 4 サイクルディーゼルエンジンの作動順序

開き，ピストンの上昇によって燃焼後の排気ガスを外部へ排出させるストロークである〔図(d)〕.

3. 2サイクルディーゼルエンジン

2サイクルディーゼルエンジン（two cycle diesel engine）は，ピストンが1往復する間に1サイクルを完了して動力を発生するエンジンである．図2·8にその作動順序を示す．

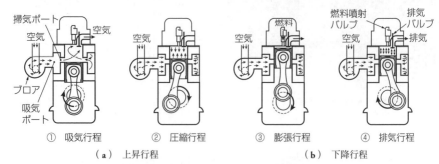

図2·8 2サイクルディーゼルエンジンの作動順序

① **上昇行程** ピストンが上昇するにつれ，**ブロア**（blower）から送られた空気がシリンダ内に押し込まれる（吸気行程）．さらに，ピストンが上昇すると排気バルブおよび掃気ポートが閉じ，空気は上死点まで圧縮される（圧縮行程）．この2行程を上昇行程と呼ぶ〔図(a)〕.

② **下降行程** 圧縮行程の終わり頃，燃料噴射バルブから燃料が圧縮空気中に噴射され，自然着火を起こす．この燃焼ガスが膨張してピストンを押し下げる（膨張行程）．膨張行程の終わり頃，排気バルブが開き，排気吹出し・排気行程となる．これらのストロークをまとめて下降行程と呼ぶ〔同図(b)〕.

ピストンの下降によって掃気ポートが開くと，ブロアによって空気がシリンダ内に強制的に送り込まれ，残っている排気ガスを外へ追い出す（**掃気作用**）．この作用はピストンが上昇して掃気ポートが閉じるまで続く．このように，2サイクルディーゼルエンジンでは，ブロアによって掃気と吸気とが引き続いて行なわれるので，ブロアは**掃気ポンプ**（scavenging pump）とも呼ばれている．

なお，図2·8のように，排気バルブ・掃気ポート・吸気ポートを通して行なわれる掃気方式は，掃気の流れが掃気ポートから排気バルブへ一方向になるから，**ユニフロー掃気**（uniflow scavenging）といわれる．

4. ガソリンエンジンとディーゼルエンジンの比較

表2·2に，ガソリンエンジンとディーゼルエンジンとの比較を示す．また，表2·3に，同一排気量の自動車用ガソリンエンジンとディーゼルエンジンとの比較を示す．

表2·2 ガソリンエンジンとディーゼルエンジンの比較

区　分	ディーゼルエンジン	ガソリンエンジン	ディーゼルエンジンの利点	ガソリンエンジンの利点
燃料消費率 （1 kW・1時間当たり）	重油・軽油 245 〜 325 g/(kW·h)	ガソリン 325 〜 365 g/(kW·h)	燃料が安価で，また消費率も小さく，運転経費が少ない．	エンジンの始動が容易で，質量も軽い．
圧縮比	15 〜 22 （空気だけ）	6 〜 10 （混合気）	トルクの変動が小さい．	トルクの変動が大きい．
着火法	自然着火	スパーク	—	—
燃料供給方法	燃料をそのまま噴射ポンプによってシリンダ内に噴射する．	キャブレータで混合気をつくる．	—	—

表2·3 自動車用ガソリンエンジン，ディーゼルエンジンの諸元・性能の比較

	ガソリンエンジン	ディーゼルエンジン
シリンダ数	直列4気筒 OHC	直列4気筒 OHC
シリンダ内径×ストローク[mm]	73.0 × 87.0	74.0 × 84.5
総排気量 [cc]	1456	1453
圧縮比	9.3	22.0
最大出力 [kW/rpm]	ネット 65/6000	ネット 50/4700
最大トルク [N·m/rpm]	120/4800	130/2600
燃料消費率 [g/(kW·h)]	280	270

〔注〕 ネット値については**2·4**節**6**項を参照．OHCについては**3**章を参照．

なお，ディーゼルエンジンの燃料装置については**4**章で説明する．

5. クリーンディーゼルエンジン

ディーゼルエンジンは，ガソリンエンジンより燃費がよく，CO_2（二酸化炭素）の排出量が少なくトルクも大きいのに，燃料が軽油や重油であるため，NO_x（窒素酸化物）や

PM（particulate matter：粒子状物質）などの有害物質を排出ことによる大気汚染が問題視され，使われなくなってきた．そこで，ディーゼルエンジンの排出ガスを浄化するため，燃焼や排出ガス後処理技術などを改良したクリーンディーゼルエンジン（clean diesel engine）が開発された．1995年に開発された燃料噴射システムのコモンレールシステム（common rail

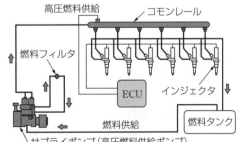

図2·9 コモンレール式燃料噴射システム（泉哲男：自動車技術, Vol. 58, No. 10, 2004）

system）技術である.

図**2·9**に示すコモンレールシステムは，**サプライポンプ**（supply pump：高圧燃料供給ポンプ）に入り，加圧された燃料がコモンレールに蓄えられ，運転状況に応じた燃料を霧化・噴射することで不完全燃焼が抑えられ，有害物質の発生を抑制する．ディーゼル車の排出ガス規制強化により開発されたクリーンディーゼルエンジンは，環境保護に配慮したエンジンとして高く評価されている.

2·4 │ エンジンの性能

1. エンジンの性能に関する用語

エンジンの性能に関する用語を，これまで使用してきたものも含めて説明する.

（**1**） **死点** ピストンがシリンダ内を往復運動するとき，図**2·10**のように，ピストンが最上端にある位置を**上死点**（top dead center：TDC），最下端にある位置を**下死点**（bottom dead center：BDC）という.

（**2**） **ストローク** ピストンが上下に動く距離，すなわち，上死点から下死点までの距離を**ストローク**（stroke：行程）という.

（**3**） **シリンダボア** シリンダの内径を**シリンダボア**（cylinder bore）という．図**2·11**にDで示す.

（**4**） **燃焼室容積（すきま容積）** ピストンが上死点にあるときの，シリンダ内の容積を**燃焼室容積**（clearance volume：記号 V_c）という（図**2·10**）.

（**5**） **行程容積** ピストンが下死点から上死点までの容積を**行程容積**（piston swept volume：記号 V_s）といい，一般に**排気量**と呼ばれている（図**2·10**）．この行程容積にシリンダ数を乗じたものを**総行程容積**（total piston swept volume：記号 V_{st}）または**総排気量**といって，エンジンの大きさを表わすのに用いる．総排気量は次式から求められる.

$$V_{st} = V_s \cdot Z = \frac{\pi}{4} \cdot D^2 \cdot s \cdot Z \ [\text{cc}]$$

$$(2·1)$$

ただし，総排気量 V_{st} [cc]，行程容積 [cc]，シリンダボア [cm]，s：ストローク [cm]，Z：シリンダ数.

（**6**） **シリンダ容積** ピストンが下死点にあるときの，シリンダ内の容積を**シリンダ容積**（cylinder volume：記号 V_t）という．すなわち，V_t は，$V_c + V_s$ に相当する.

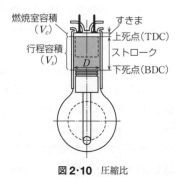

図2·10 圧縮比

（7）　**圧縮比**　圧縮行程において，ピストンが混合気をどのくらいに圧縮するかを表わすのが**圧縮比**（compression ratio）で，前述の燃焼室容積を V_c とし，行程容積を V_s とすれば，圧縮比 ε は次の式によって求められる．

$$\varepsilon = \frac{V_t}{V_c} = \frac{V_c + V_s}{V_c} = 1 + \frac{V_s}{V_c} \tag{2·2}$$

一般に，自動車用ガソリンエンジンでは圧縮比 6 ～ 10，ディーゼルエンジンでは圧縮比 15 ～ 22 くらいである．

2. インジケータ線図

エンジンは，吸気・圧縮・膨張・排気の各作用を絶えず繰り返して回転している．そのため，エンジンの回転中，シリンダ内では，ピストンのストロークに伴って圧力が変化している．この両者の関係を記録したものを**インジケータ線図**（indicator diagram）といい，これによってシリンダ内における燃料の燃焼状態を観察したり，理論的に出力を算出したりする．

図 **2·11** は，4 サイクルガソリンエンジンのインジケータ線図を示したものである．図の円の部分はクランク角度を表わしており，上部の曲線の部分が，このクランク角度に対応するシリンダ内の圧力を表わしている（バルブの開閉時期については **3·10** 節 **5** 項を参照）．

シリンダ内の圧力は，図 **2·11** のように，吸気時（曲線上の A 点から B 点まで）に圧力は大気圧以下に下がるが，圧縮が進む（B 点～ C 点）にしたがい圧力は上昇し，C 点で点火されると，圧力は急激に上昇し，D 点まで達して圧力は最高となる．次に，ピストンの下降によって圧力も下がり，E 点で排気バルブが開いて排気行程に移ると，さらに下がって A 点に戻る．これで 1 サイクルが完了する．

このように，シリンダ内では圧力が刻々と変化するが，実際のエンジンの動力として作用する圧力は，図 **2·12** に示す曲線内の面積に相当する．そして，この面積が 1 サイクルの間に一様な圧力が作用して仕事が行なわれたと考えれば，同図に示すように，一辺がストロークに対応する長方形に置き換えることができる．このときの長方形の高さを**図示平均有効圧**

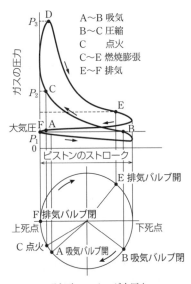

A～B 吸気
B～C 圧縮
C　　点火
C～E 燃焼膨張
E～F 排気

P_1：吸気時のシリンダ内圧力
P_2：点火時のシリンダ内圧力
P_3：点火後のシリンダ最高圧力

図 2·11　4 サイクルガソリンエンジンのインジケータ線図

(indicated mean effective pressure：imep.) といい，次に述べる図示出力を求めることができる．

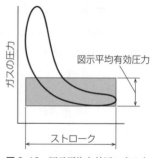

図2・12 図示平均有効圧の求め方

3. 出力の求め方

エンジンの動力は，一般に次の二つの出力で表わす．

（1） 図示出力 図2・12 から求めた図示平均有効圧は，ピストンが膨張行程中にその頭部に受けていたと考えられる圧力である．いま，図2・13 において，シリンダボアを D [m]，ストロークを s [m]，回転数を n [rpm]，シリンダ数を Z，図示平均有効圧を p_{mi} [kN/m²] とすると

$$シリンダの断面積 ＝ ピストンの受圧面積 ＝ \frac{\pi D^2}{4} \ [\text{m}^2]$$

$$ストローク中にピストンの受ける力 ＝ p_{mi}\frac{\pi D^2}{4} \ [\text{kN}]$$

$$1ストローク中に膨張圧力がピストンになす仕事 ＝ p_{mi}\frac{\pi D^2}{4}s \ [\text{kN·m}]$$

となる．回転数は n [rpm] であるが，4サイクルの場合はクランクシャフト2回転で1回の爆発があるから，シリンダ数 Z のエンジンが出す動力 N_i は次式で求められる．なお，この N_i を**図示出力**（indicated power）という．1kW＝1kN·m/s であるから

$$N_i = \frac{p_{mi}\frac{\pi}{4}D^2 snZ}{60 \times 2} \ [\text{kW}] \qquad (2・3)$$

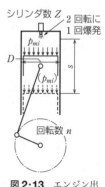

図2・13 エンジン出力の計算

2サイクルの場合は，クランクシャフト1回転で1回の爆発があるから

$$N_i = \frac{p_{mi}\frac{\pi}{4}D^2 snZ}{60} \ [\text{kW}] \qquad (2・4)$$

となる．

（2） 軸出力 前述の図示出力は，膨張圧力がピストン頭部へ与えた仕事をもとにして計算した動力であるが，実際に外部に与えることのできる動力は，さらに各部の摩擦損失や熱損失を差し引いたものである．

軸出力（brake power）とは，クランクシャフトが実際に出す動力を測定と計算とによって求めたもので，**正味出力**，**制動出力**などともいう．

図**2·14**はプロニブレーキ(prony brake)
と呼ばれる動力計である．測定するエンジ
ンにつけたディスクを図のようなブレーキ
シューで押さえ，これがいっしょに回転し
ないようにアームを出して力量計で受け止
める．ディスクの半径を r [m] とし，制
動力（摩擦力）を f [kN] とする．この場

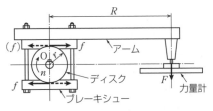

図2·14 プロニブレーキ

合，ディスクは，この f に逆らって1回転につき $2\pi r$（円周）の長さだけ回るので，その
仕事は $2 \times 2\pi rf$ [kN·m] となる．

ここで，エンジンの回転数を n [rpm]，トルクを T [kN·m]（$= rf \times 2$），アームの長
さを R [m]，力量計の荷重を F [kN]，エンジンの軸出力を N_e とすると

$$N_e = \frac{(2 \times 2\pi rf)n}{60} = \frac{2\pi nT}{60} \text{ [kW]} \tag{2·5}$$

となる．

また，軸に関するモーメントを考えると，$rf \times 2 = 2rf$（トルク T）のモーメントのた
めに FR のモーメントが生じているので，次の関係がある．

$$2rf = FR$$

これを式(**2·5**)に代入すると，次式のようになり，これによって軸出力を求めることが
できる．

$$N_e = \frac{2\pi nFR}{60} \text{ [kW]} \tag{2·6}$$

なお，軸出力は図示出力より小さく，軸出力と図示出力の比 η_m をエンジンの**機械効
率**（mechanical efficiency）という．したがって，機械効率 η_m は，次式で求められる．

$$\eta_m = \frac{N_e}{N_i} \times 100 \text{ [%]} \tag{2·7}$$

4. 正味熱効率，燃料消費率

正味熱効率（brake thermal efficiency）とは，燃料が燃焼することによって生じた全熱
量と，有効な仕事をした熱量との比をいう．したがって，正味熱効率を η_e とすれば，次
式で求められる．1 kW = 1 kJ/s であるから

$$\eta_e = \frac{\text{有効に仕事をした熱量 [kJ]}}{\text{燃料が発生した全熱量 [kJ]}} \times 100 \text{ [%]} = \frac{N_e}{BH_e} \times 100 \text{ [%]} \tag{2·8}$$

ここで，N_e：軸出力 [kW]，B：燃料の消費量 [kg/s]，H_e：燃料の低発熱量 [kJ/kg]
である．

燃料消費率（specific fuel consumption）とは，エンジンの軸出力1 kW 当たり1時間

ごとに消費される燃料の量のことで，エンジンの経済性を示す値である．燃料消費率を f_e とすれば，次式で求められる．

$$f_e = \frac{1000 \times 3600 \times B}{N_e} \ [\text{g/(kW·h)}] \tag{2·9}$$

5. 熱勘定

内燃機関では，燃料が完全燃焼して発生する熱量のうち，有効な仕事になるのは 25 〜 35 ％くらいで，残りは損失となる．このような熱量の収支勘定のことを**熱勘定**（heat balance）と

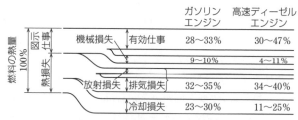

図 2·15 自動車用エンジンの熱勘定の例

いう．図 **2·15** に自動車用エンジンの熱勘定の例を示す．

6. 内燃機関の性能曲線

内燃機関の性能を知るには，実際にエンジンを運転して，種々の条件下で試験を行なう．この試験のことを**性能試験**（performance test）といい，JIS で規定されている．また，この性能試験から得られる内燃機関の性能を示したものを**性能曲線**（performance curve）という．

軸出力の値を示すときに**グロス**（gross），**ネット**（net）という指示がされているが，グロス値とは，エンジンの試験運転に必要な直接駆動する補機類だけをつけて測定した軸出力の値のことで，ネット値とは，エンジンを特定の用途に使用するのに必要で，その出力に影響するすべての補機類をつけて測定した軸出力の値のことである．

以上のほか，エンジンの信頼性や耐久性を試験する耐久試験，航空機用エンジンでは高空性能試験などがある．

図 **2·16** に自動車用エンジンの性能曲線の一例を，また，表 **2·4** には，性能試験で測定するか，あるいは調べておかなければならない項目を示した．

最高出力 64 kW/6000 rpm
最大トルク 128 N·m/4000 rpm
最小燃料消費率 290g/(kW·h)/3000 rpm

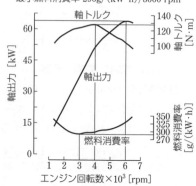

図 2·16 自動車用ガソリンエンジンの性能曲線の例と読み方

表2·4 性能試験における測定項目

		測定項目
試験前に調べるか測定しておくもの	エンジンの要目	シリンダ内径・ストローク・シリンダ数，回転速度の範囲，キャブレータまたは燃料噴射装置の形式と構造
	大気状態	天候・室温・湿度・大気圧
	燃料の性質	比重・発熱量，オクタン価またはセタン価，蒸留試験
	潤滑油の性質	比重・粘度
実験中に各測定点ごとに測るもの	必ず測定するもの	動力計荷重，回転速度・燃料消費量，潤滑油温度および圧力，冷却水入口・出口の温度，キャブレータのスロットルバルブ開度または噴射ポンプ開度，吸気圧（ブースト圧）
	参考として測定するもの	インジケータ線図，点火または噴射時期，排気圧力および温度，排気成分（ガス分析および煙濃度の測定）
	念のため記録しておくもの	ノッキングの状態，振動・音，ガス漏れ・油漏れ・水漏れ，充電状態
運転終了後に測るもの	—	潤滑油消費量（全運転時間について），各部の点検（ゆるみ・異常の有無などを調べる）

2·5 ロータリエンジン

　ロータリエンジン（rotary engine）は，1959年，ドイツのバンケル博士によって発明され，NUS社（現在のアウディ社）がロータリエンジンの開発に成功し，今日に至っている．自動車用エンジンとして用いられている．

　ロータリエンジンは，燃料と空気の混合気を吸い込み，これを圧縮してスパークで点火，燃焼させ，この燃焼圧力が直接ロータに回転運動を与え，動力を発生するエンジンである．なお，図2·17は，1967年に東洋工業（現マツダ）が開発した2ロータのロータリエンジンを搭載したスポーツカーで，図2·18はそのロータリエンジンの構造を示したものである．

1. レシプロエンジンとの比較

　レシプロエンジンでは，ピストンの往復運動をクランクシャフトの回転運動に変えて動力を取り出しているが，ロータリエンジンでは，ロータの回転を直接出力軸の回転に変え，動力を取り出している．

図2·17 自動車に搭載されたロータリエンジン

ロータリエンジンを**レシプロケーティングエンジン**（reciprocating engine, recipro. engine：**往復動機関**）に比較すると，次のような特徴をもつが，その優劣はつけにくい．

① バルブメカニズムが不用であり，往復運動部分もないので，構造が簡単で，部品数が少ない．

② 往復運動部分がないので，回転域が広く，回転の変化がスムーズである．

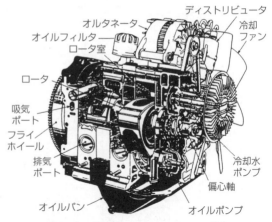

図**2·18** 自動車用ロータリエンジンの構造

③ 小型，軽量で，高出力が得られ，騒音や振動が少ない．

④ 燃焼室面積が大きいため，熱損失が多く，燃料の消費も大きい．

2. ロータリエンジンの構造

ロータリエンジンは，エンジン本体・吸排気装置・潤滑装置・冷却装置・燃料装置・点火装置から構成されている．ここではエンジン本体について学ぶこととする．

ロータリエンジンの主要部分は，図 **2·19** のように，**ロータハウジング**（rotor housing），**ロータ**（rotor），**出力軸**（output shaft）などから成り立っている．この出力軸は**偏心軸**（eccentric shaft）であり，その**偏心輪部**（eccentric wheel）でロータを支えている．また，

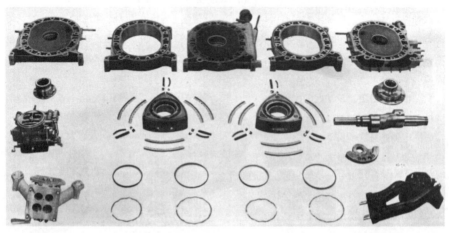

図**2·19** ロータリエンジンの主要部分

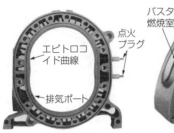

（a）ロータハウジング　　　　（b）ロータ　　　　（c）ロータハウジングとロータ

図 2·20 ロータハウジングとロータ

ハウジングに固定された**外歯歯車**（stationary gear）とロータに取り付けられている**内歯歯車**（internal gear）の歯車比は 2：3 であるから，ロータが 1 回転する間に出力軸は 3 回転する．

　（1）　**ロータハウジング**　ロータリエンジンの最も基本となる構成部品である．図 2·20(a)のように，内面は**エピトロコイド曲線**のアルミニウム合金鋳物製で，点火プラグ穴や排気ポートが設けられている．また，ハウジングは水で冷却されるので，周囲にその通り道が設けられている．

　（2）　**ロータ**　偏心軸にロータベアリング（rotor bearing）を通して支えられており，ロータハウジング内を回転している．一般に特殊鋳鉄でつくられており，その内部には中空室が設けられ，冷却用油の通路になっている．同図(b)にその構造を示す．

　また，ロータの内側には内歯歯車が取り付けられ，サイドハウジング（side housing）の外歯歯車とかみ合ってロータの偏心回転運動を正しく規制している．この運動は，ロータベアリングと偏心軸のロータジャーナル（rotor journal）との組合わせによって偏心軸の回転運動に変わる．同図(c)にロータハウジングとロータの組合わせを示すが，三つの空間が作動室である．

　（3）　**サイドハウジング**　特殊鋳鉄製のサイドハウジングは，図 2·21 のような吸気ポートを設けた構造で，ロータハウジングの側面を密閉している．また，このサイドハウジングには外歯歯車が取り付けられており，ロータの内歯歯車とかみ合ってロータの動きを案内している．さらに，外歯歯車の内側にはメーンベアリング（main bearing）がはめ込まれていて，偏心軸を支えている．

　サイドハウジングは，1 個のロータハウジングに対して前後 2 枚が必要であるが，2 ロータエンジンの場合には，真ん中のサイドハウジングは両面が活用できるので，合計 3 枚ですむ．

　（4）　**ガスシール**（gas seal）　図 2·22 のように，ロータの頂

図 2·21 サイドハウジング

点（apex）に取り付ける**アペックスシール**（apex seal），ロータの側面の**サイドシール**（side seal）と，両者の結合部につける**コーナシール**（corner seal）がある．これらのシールは，いずれもスプリングでハウジングの壁面に密着しており，ガス漏れを防止している．なお，図 2・23 に示すアペックスシールは特殊カーボン材でできており，サイドシール，コーナシールは特殊鋳鉄製である．

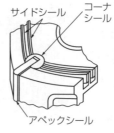

図 2・22 ガスシール

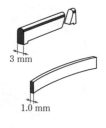

図 2・23 アペックスシールとサイドシール

（5）　**偏心軸**　出力を取り出すシャフトで，ロータと同じ数のロータジャーナルと，メーンベアリングで支えられるメーンジャーナル部で構成されている．偏心軸前端にはバランスウエイトおよびオイルポンプやディストリビュータを駆動するためのギヤや V ベルトが，後端にはフライホイールが取り付けられている．

3.　ロータリエンジンの作動

ロータリエンジンでは，ロータの三辺とロータハウジングの壁面によってつくられる三つの作動室が，偏心軸の回転により，次のような各行程の作動を行なう．

①　**吸気行程**　ロータリエンジンでは，図 2・24 の左上の図がロータの上死点となる．この位置から，ロータが右回転すると，作動室は容積を増し，図中の①，②，③，④と混合気を吸い込み，⑤で最大となり，吸気行程が終わる．⑤の位置が下死点にあたる．

②　**圧縮行程**　吸気行程の終わりにロータは吸気ポートを閉じ，図中の⑤，⑥，⑦，⑧と混合気を圧縮し，⑨で最大に圧縮される．

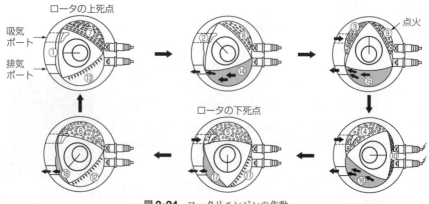

図 2・24 ロータリエンジンの作動

③ **膨張行程** 図中の ⑨ で点火プラグによって点火され，混合気は ⑨，⑩，⑪，⑫，⑬ と燃焼および膨張し，この圧力でロータに回転力を与える．

④ **排気行程** 図中の ⑭ で排気ポートが開き，⑭，⑮，⑯，⑰，⑱ とロータが排気ガスを押し出す．

このように，ロータリエンジンでは，1サイクルの作動が連続してロータの三辺で行なわれている．したがって，ロータが1回転する間に3回の出力行程がある．

4. 自動車用ロータリエンジンの現状

1961年に，東洋工業（現マツダ）が，ロータリエンジンの技術を導入し，1967年に研究・改良の結果，2ロータエンジンを自動車用エンジンとして実用化した．

自動車用エンジンとして用いられているものは2ロータエンジンで，排気量1100 cc程度，圧縮比9.4，最大出力96 kW/7000 rpm程度である．

2·6 │ これからの自動車用原動機

化石燃料の環境や人体への影響などから，エンジン分野でも各種エンジンの研究・開発が進められている．たとえばアルコールエンジン，バイオディーゼルエンジン，ガスタービンなどであるが，すでにその一部は実用化もされている．ここでは，その一部を紹介する．

1. 天然ガスエンジン

天然ガスエンジン（natural gas engine）は，ガソリンの代わりに天然ガスを燃料としたレシプロエンジンである．後述の三元触媒（three-way catalyst）が使えるので，窒素酸化物（NO_x）を低減でき，煤などの粒子物質（PM）も排出しないので，環境の保護に大きく貢献でき，研究・開発が進んでいる．現在，観光地などで公共の交通機関として活用されている．

2. 水素ガスエンジン

水素ガスエンジン（hydrogen engine）は，ガソリンの代わりに水素を燃料とするガソリンエンジンと同じレシプロエンジンである．

水素（H）は，水（H_2O）から分解することで無限に得ることができ，そのうえ，容易に完全燃焼するので，無公害の燃料であるが，水素の製造法，運搬法，利用などでまだまだ多くの問題を抱えている．とくに，水素は気体のまま保存すると，燃料タンク容量が非常に大きくなるので，液化する必要がある．しかし，水素の液化温度は－253 ℃以下という超低温であるので，特殊な燃料タンクが必要になる．また，－253 ℃以下という超低温の液化水素をそのままエンジンに流入させると，エンジンは凍りついてしまうので，熱交換器を設け，－50～－30 ℃くらいに上げなければならない．

現在，ガソリンを水素に切り替えて走行できる**バイフューエル車**（bi-fuel car：2種類の燃料を切り替えて使用できる単一のエンジンをもつ車）が実用化されているが，一般に普及するには多角的な研究が必要である．

3. スターリングエンジン

スターリングエンジン（Stirling engine）は，再生器を仲介にして連結する二つの作動室内の作動ガス（空気，ヘリウム，水素など）を，一方は加熱，他方は冷却する作動を繰り返して動力を得るレシプロエンジンであるが，このとき，エンジ

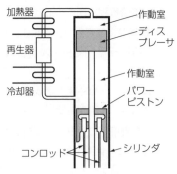

図 2・25 ディスプレーサ形スターリングエンジンの構造

ンの外部で燃料を燃焼し，作動ガスを蒸発・膨張させる機構をもつので，外燃機関の一種である．

スターリングエンジンは，1816年に，スコットランドのスターリング（R. Stirling）によって考案され，図2・25のような構造をしていたが，その後，実用化されていない．その理由は，加熱器の価格や耐久性，ガスシールの耐久性や信頼性などの問題が解決されなかったからである．しかし，ほかのエンジンに比べ熱効率が高く，燃料の種類にも制限がなく，しかも排気，騒音などの公害も少ないので，現在の社会にあったエンジンとして今後の開発に期待がもたれている．

2・7 | 電気エネルギーを利用する動力システム

JISでは，**電気自動車**（electric vehicle：**EV車**）は電動機（motor）を備えている自動車と定義している．

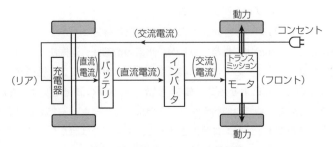

図 2・26 電気自動車の動力伝達経路

1. 電気自動車

先に述べたように，1839年イギリスのR. アンダーソンが電気自動車を発明したが，電池や充電などの問題を改良できなかったため発展しなかった．**電気自動車**はバッテリ（battery）に蓄えた電気を使ってモータを回転させ動力を得るので，従来の鉛電池に代わり出力・エネルギー密度が高く，繰返しの充放電でも劣化の少ないリチウム−イオンバッテリ（li-ion battery）の急速な開発により，注目されている．図 2·26 に電気自動車の動力伝達経路を示す．

2. 燃料電池自動車

燃料電池自動車（fuel cell vehicle：**FCV車**）は，燃料電池で水素（H_2）と酸素（O_2）の化学反応によって発電した電気エネルギーによりモータを回転させ，動力を得る自動車である．有害な排

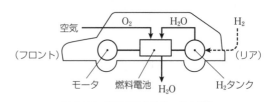

図 2·27 燃料電池自動車の基本構造

出ガスがなく，エネルギー効率が高く騒音も少ないが，水素の補給と貯蔵などの解決に問題があり，今後の課題である．図 2·27 に基本的な構造を示す．

3. ハイブリッド自動車

ハイブリッドとは"混成物，複合"などを意味する言葉で，**ハイブリッド自動車**（hybrid vehicle：**HV車**）とは複数の動力源をもつ自動車のことである．ガソリンエンジンとモータの組合わせが一般的で，その方法には"シリーズ方式"，"パラレル方式"，"シリーズ・パラレル方式"の3種類がある．特徴はガソリン車より低燃費で，排出ガスが少ないクリーンエンジンといえる．

（1） シリーズ方式 エンジンでモータ①を回し，発電させてバッテリー充電を行ない，その電気でモータ②を回転させ，動力を発生させて走行する方式（図 2·28）．

（2） パラレル方式 エンジンが主で，モータはアシスト役の方式．発進や加速時など負荷がかかるときはモータは補助であり，低速走行時のみモータだけで走行する方式である．ホンダの"インサイト"はこの方式の自動車である（図 2·29）．

（3） シリーズ・パラレル方式 発進時や低速時はモータで走行し，通常走行時は状況

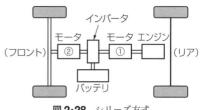

図 2·28 シリーズ方式

図 2·29 パラレル方式

に応じてエンジンとモータを使い分ける方式. トヨタの "プリウス" がこの方式の自動車である（図 2·30）.

4. プラグインハイブリッド車

家庭用の電源（コンセント）などから直接充電できる車で，プラグインハイブリッド車〔plug-in hybrid (electric) vehicle：PHV 車，PHEV 車と呼ばれる〕は，ハイブリッド車より燃費がよく，航続距離も長く，比較的大容量のバッテリーを搭載している. 次世代の電気自動車の代表的な車である.

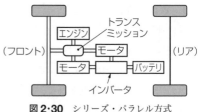

図 2·30 シリーズ・パラレル方式

2·8 新しい自動車用材料

最近，自動車に対する強い社会的要請は，省資源・省エネルギーおよび低公害・安全性などの課題の解決である. この課題を解決する一つの流れが新材料の開発・導入である. ここでは，自動車産業において積極的に行なわれている新材料の導入について触れてみる.

1. 複合材料

複合材料（composite materials）とは，金属と繊維，樹脂と繊維などを組合わせ，それぞれのすぐれた特性を引き出して材料に用いようと開発されたもので，繊維強化金属，繊維強化プラスチックやラミネート鋼板などが代表的なものである.

① **繊維強化金属**（fiber reinforced metals：FRM）　アルミニウムやマグネシウムなどの軽合金をアルミナ，カーボンやボロンなどの繊維と組み合わせてつくられたもので，強度があり，軽量で耐熱・耐摩耗性にすぐれており，熱膨張率も小さい.

② **繊維強化プラスチック**（fiber reinforced plastics：FRP）　プラスチックをガラス繊維や炭素繊維に含浸させてつくられたもので，軽量で，耐熱・耐摩耗性がすぐれている.

③ **ラミネート鋼板**（laminated steel）　樹脂の両面に鋼板を張り合わせたもので，鋼の強度をもちながら，軽量で，振動を防ぐ効果も高い.

2. セラミックス

セラミックス（ceramics）は，粘土・珪砂などから精製したアルミナ，シリカ，ジルコニアなどを原料とし，人工的に合成された窒化けい素（Si_3N_4），炭化けい素（SiC）などを成形，焼結したものである. このセラミックスは，耐熱性，耐摩耗性，耐食性にすぐれており，電気的機能や光学的機能を与えられる製品もつくることができることから，ピストン，シリンダライナ，ベアリングやセンサ類，メカニカルシールなどに用いられている.

2·9 排出ガス浄化対策

　自動車から排出されるガスのことを**排出ガス**（emission gas）といい，これによって生じる大気汚染は大きな社会問題になっている．自動車の原動機は内燃機関であるから，この問題の解決の大部分は内燃機関にかかっているといってもよい．

1. 自動車からの排出ガス

　自動車から大気中に排出されるガスには，排気ガス・吹抜けガス・蒸発ガスの3種類があり，その割合を，図 **2·31** に示す．

　（1）　**排気ガス**（exhaust gas）

　自動車の排気パイプから大気中に排出される燃焼ガスのことであり，その大部分は窒素と水蒸気であるが，有害物質である一酸化炭素・炭化水素・窒素化合物・鉛化合物なども含まれている．

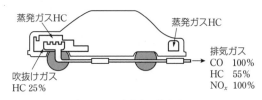

図 2·31　自動車の排出ガス

蒸発ガスHC
蒸発ガスHC
排気ガス
CO　100%
HC　55%
NO_x　100%
吹抜けガス
HC 25%

　①　**一酸化炭素**（carbon monoxide：CO）　燃料中の炭素が不完全燃焼するときに生じる．とくに加速するときやアイドリングのときには濃い混合気を燃焼させるので，発生が多くなる．したがって，CO を減少させるには，空気を充分供給し，完全燃焼させるか，薄い混合気で燃焼させればよい．

　②　**炭化水素**（hydro-carbon：HC）　燃料の一部が未燃焼のまま排出されることによって生じ，CO と同様に濃い混合気の使用時に多く発生する．したがって，HC を減少させるには，CO を減少させる方法と同じ方法をとればよい．

　③　**窒素酸化物**（nitrogen oxide：NO_x）　高温で燃焼したときに発生するガスで，酸素との結合の仕方でいろいろの種類があるが，大部分は一酸化窒素（NO）と二酸化窒素（NO_2）である．したがって，NO_x を減少させるには，燃焼温度を下げればよいことになる．なお，この窒素酸化物と炭化水素とが紫外線の作用を受けて光化学反応を起こし，**オキシダント**（oxidant：O_x）を発生させ，光化学スモッグとなる．

　④　**鉛化合物**　燃料に四エチル鉛を添加した場合に排出される．したがって，四エチル鉛を添加しない無鉛ガソリンを使用すれば防ぐことができる．

　⑤　**粒子状物質**（particulate matter：PM）　空気と混合しにくい軽油や重油を燃焼させると，未燃焼ガスが多く発生して排出される微粒子のことで，完全燃焼させれば防ぐことができる（**2·3 節 5 項参照**）．

　（2）　**吹抜けガス**（blow-by gas：ブローバイガス）　ピストンとシリンダのすきまか

らクランクケースへ吹き抜ける燃焼ガスのことで，有害物質である HC を含んでいる．したがって，このまま大気中に放出しないでシリンダ内へ戻し，燃焼させれば，減少させることができる．

（**3**） **蒸発ガス**（vapurization gas）　燃料タンクやキャブレータなどから燃料が蒸発し，大気中に放散されるガスのことで，有害物質である HC を含んでいる．したがって，燃料タンクやキャブレータなどを密閉すれば減少させることができる．

2. 排気ガス浄化対策

排出ガス中の有害物質をできるだけ軽減させるには，基本的な取組みがいろいろ考えられる．そのため具体的には，次のような方策がとられている．

①　燃料を完全燃焼させれば CO や HC，粒子状物質は防止できる．

具体的方策：電子制御キャブレータ（electronic controlled carburetor：ECC），電子制御燃料噴射方式（electronic controlled gasoline injection system：ECGI）．

上記の方策は，O_2 センサによって排気ガス中の酸素濃度を検出し，混合比の制御を自動的に行ない，より完全燃焼に近づけるようにしたものである．図 **2·32** に燃料噴射制御システムの一例を示す．

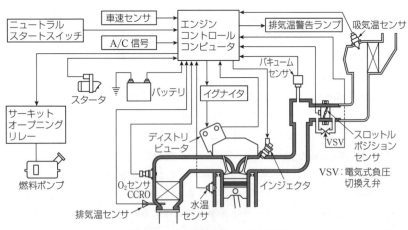

図 2·32　燃料噴射制御システムの例

②　燃焼温度を高くしなければ NO_x は防止できる．

具体的方策：排気ガス再循環方式（exhaust gas recirculation system：EGR）．

上記の方策は，排気ガスを燃焼室内に戻し，燃焼速度をゆるやかにし，燃焼温度を下げる方法である．図 **2·33** に EGR の一例を示す．

③　吹抜けガスを大気中に放出しなければ HC は防止できる．

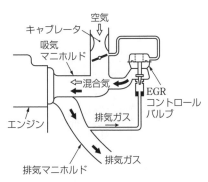

図 2·33 排気ガス再循環装置の例

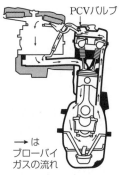

図 2·34 ブローバイガス
還元装置の例

具体的方策：ブローバイガス還元方式（positive crankcase ventilation system：PCV）.

上記の方策は，吹抜けガスをシリンダ内に戻し，再燃焼させる方法である．図 **2·34** に PCV 方式の一例を示す．

④　後処理で対応し，有害物質を防止する．

具体的方策 1：三元触媒コンバータ（three－way catalytic converter）.

上記の方策は，触媒を用いて CO や HC を酸化して CO_2 や H_2O にしたり，NO_x を N_2 や O_2 に還元する方法で，排気パイプの途中に三元触媒コンバータを装着する．触媒には白金（Pt）やロジウム（Rh），パラジウム（Pd）などが用いられている．図 **2·35** に三元触媒コンバータの一例を示す．

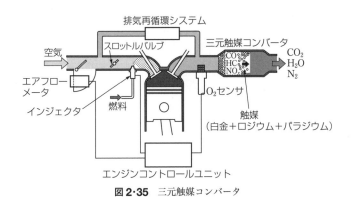

図 2·35　三元触媒コンバータ

具体的方策 2：サーマルリアクタ（thermal reactor）.

上記の方策は，排気ガス中に含まれる HC，CO などを熱酸化反応によって低減させる．

⑤　混合気を薄くすることによって有害物質を防止する．

具体的方策：層状給気方式（stratified charge system）.

上記の方策は，濃い混合気で発生する有害物質を少なくするために，薄い混合気を供給して燃焼させる方法である．ところが，混合気が希薄であると，点火・燃焼しにくくなるので，点火プラグ付近にやや濃い混合気をつくる必要がある．そのため，図 **2·36** のように，点火プラグを副燃焼室に設け，やや濃い混合気を供給し，主燃焼室には希薄な混合気を供給して点火・燃焼をスムーズに行なわさせている．

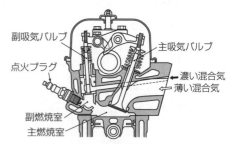

図 2·36 層状給気方式の例

⑥　蒸発ガスを大気中に放出させないで有害物質を防止する．

具体的方策：蒸発ガス防止装置（evaporative emission control system：EEC）.

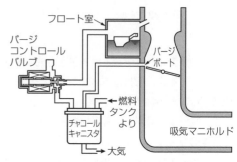

図 2·37 蒸気ガス防止装置の例

上記の方策は，燃料タンク内で気化した燃料をチャコールキャニスタ部へ導き，活性炭に吸着させ，空気のみ大気中へ放出する方法で，活性炭に吸着された燃料は，運転中にキャブレータへ吸い込まれて燃焼する．図 **2·37** に蒸発ガス防止装置の一例を示す．

⑦　エンジン本体で対応し，有害物質を防止する．

具体的方策：燃焼室の改良，吸気系の改良，燃料供給系の改良，点火系の改良．

この方策は，①～⑥ で述べてきた方策をより効果的にするために合わせて改良しなければならないところである．

3

エンジン本体

本章以降 8 章までは，ガソリンエンジンを中心にくわしく説明する．ガソリンエンジンのエンジン本体の構造は，図 3·1 のようになっている．

3·1 シリンダ

1. シリンダの構造

シリンダ（cylinder）は，エンジンで最も重要な部分であって，その中では燃焼が行なわれ，ピストンが高速度で上下運動をする．このため，シリンダは，高熱に耐え，耐摩耗性の高いニッケル-クロム鋳鉄などの高級鋳鉄やアルミニウム合金鋳物でつくられている．

図 3·1 のように，シリンダの内部は正円筒形で，上部は**シリンダヘッド**（cylinder head）とともに燃焼室を形づくり，下部はクランクケースになっている．水冷式のエンジンでは，数個のシリンダが一体に鋳造されており〔これを**シリンダブロック**（cylinder

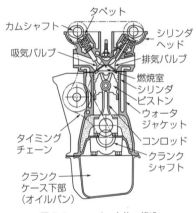

図 3·1 エンジン本体の構造

（**a**）シリンダヘッド   （**b**）シリンダブロック

図 3·2 シリンダヘッドとシリンダブロック

block）という〕，シリンダ上部には，シリンダヘッドが，気密保持をする**ガスケット**（gasket）をはさんで，スタッドボルト（stud bolt：植込みボルト）で取り付けられる．シリンダの下部はクランクケース上部であり，オイルパン（oil pan）を取り付けたクランクケース下部が取り付けられる．また，図**3・2**のようにシリンダヘッドの周囲には，**ウォータジャケット**（water jacket）という空洞をつくり，冷却水の通路としている．

　なお，空冷式エンジンのシリンダでは，各シリンダは別々につくられ，シリンダの周囲には，図**3・3**のように，**クーリングフィン**（cooling fin）を設けている．

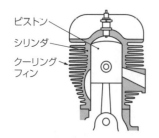

図3・3 空冷式シリンダ

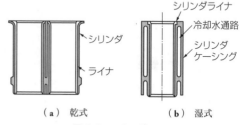

（**a**）　乾式　　　　（**b**）　湿式

図3・4 シリンダライナ

（**1**）　**シリンダ内壁**　　シリンダの内壁は，ピストンとの摩擦を少なくし，ガスが漏れないように精密な研磨仕上げが施され，真円に仕上げられている．また，シリンダには，内壁の摩耗を防ぎ，摩耗した場合にはシリンダ内壁だけが取り替えられるように，**シリンダライナ**（cylinder liner, cylinder sleeve）という円筒を挿入しているものがある．このライナは，一般に，厚さ 2 mm 程度の特殊鋳鉄製の円筒で，図**3・4**のように，シリンダブロックに挿入された**乾式ライナ**（dry liner）と，その間に空洞をつくって冷却水を通すようにした**湿式ライナ**（wet liner）とがある．

（**2**）　**燃焼室**（combustion chamber）　　ピストンが上死点にあるとき，シリンダ上部とシリンダヘッドに設けられたくぼみによって形成される空間で，この部分でガスが圧縮・点火されるため，その形状の良否はエンジンの性能を大きく左右する．燃焼室の形状には，バルブの取付け方法により，オーバヘッドバルブ式燃焼室とサイドバルブ式燃焼室とがある．

　①　**オーバヘッドバルブ式燃焼室**　　この形式は，図

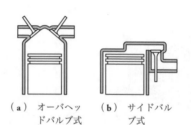

（**a**）　オーバヘッドバルブ式　　（**b**）　サイドバルブ式

図3・5　燃焼室の形状

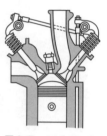

図3・6　ペントルーフ形燃焼室

3・5(a)のように，吸気・排気の両バルブともシリンダヘッドに取り付けられたものである．図**3・6**は**ペントルーフ形**（pent roof type）**燃焼室**と呼ばれ，燃焼室の形状が切り妻形の屋根（ペントルーフ）状になっているもので，熱効率が良好で，バルブの調整が容易であり，最も多く用いられているが，反面，バルブメカニズムが複雑になり，エンジンの全高が高くなるなどの欠点がある．

② **サイドバルブ式燃焼室**　この形式は，図**3・5(b)**のように，両バルブともシリンダ本体側面の片側に取り付けられたものである．構造が簡単ではあるが，燃焼室の形状が偏平となり，圧縮比が高くできず，燃焼効率も劣るので，最近ほとんど用いられていない．

2. シリンダの配列

自動車用エンジンには，シリンダ数が１個の**単シリンダエンジン**と，シリンダ数が２個以上の**多シリンダエンジン**とがある．前者は，おもに二輪車などに用いられ，後者は四輪車などに用いられているが，そのほとんどは，4，6，8などの多シリンダエンジンである．

多シリンダエンジンでは，そのシリンダの配列によって直列形，対向シリンダ形，V形などがある．

（1）　直列形　全部のシリンダを縦一列に並べたもので，2シリンダ，4シリンダ，6シリンダ，8シリンダエンジンがある．この形は最も簡単であるが，シリンダ数が6以上になるとエンジンの全長が長くなり，クランクシャフトに無理な力が加わるので，4シリンダ，6シリンダエンジンが用いられている〔図**3・7(a)**〕．なお，この直列形を水平に置いた水平形エンジンは**アンダフロアエンジン**（under floor engine）と呼ばれ，バスなどに用いられている．

（2）　対向シリンダ形　シリンダを水平に置き，クランクシャフトを通して向かい合わせたもので，2，4，8シリンダなどがあり，エンジンの全高を低くすることができる〔図（b）〕．

（3）　V形　シリンダをV字形に配列したもので，二輪車用のV形2シリンダエンジン，四輪車用のV形8シリンダエンジン，12シリンダエンジンがある．この形式は，エンジンの全長を短くできるので，大容積・大出力のエンジンに広く用いられている〔図

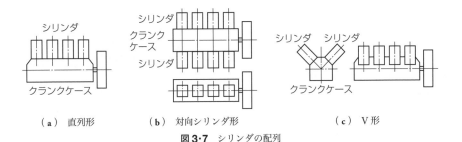

（a）　直列形　　　　（b）　対向シリンダ形　　　　（c）　V形

図3・7　シリンダの配列

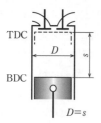
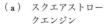

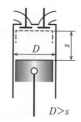

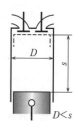

（ a ） スクエアストロー　（ b ） ショートストローク　（ c ） ロングストローク
　　　クエンジン　　　　　　　　エンジン　　　　　　　　　エンジン

図 **3·8**　行程内径比

（ c ）〕．最近は 6 シリンダエンジンにも V 形が採用されている．

3. 行程内径比

ストローク（stroke：行程）とシリンダボア（cylinder bore）との比を**行程内径比**（stroke bore ratio）といい，この値はピストンの速度やエンジンの高さなどに影響を与える．

ここで，s：ストローク，D：シリンダボアとすると，図 **3·8**（ a ）に示す $D = s$ の場合は，行程内径比が 1 であり，このエンジンのことを**スクエアストロークエンジン**（square stroke engine），図（ b ）の $D > s$ の場合のエンジンを**ショートストロークエンジン**（short stroke engine，over square engine），図（ c ）の $D < s$ の場合のエンジンを**ロングストロークエンジン**（long stroke engine）という．このうち，自動車用には，出力の向上を図ることができ，エンジンの高さを低くすることができるスクエアストロークエンジンあるいはショートストロークエンジンが多く用いられている．

3·2 ┃ クランクケース

クランクケース（crank case）は，クランクシャフトを内蔵する室で，上下に分割され，クランクケース上部はシリンダブロックと一体に鋳造されており，クランクケース下部には**オイルパン**（oil pan）が取り付けられ，油だまりとなっている．材質はシリンダと同じものでつくられている．

3·3 ┃ ピストン

1. ピストンの作用および構造

ピストン（piston）は，シリンダ内を高速度で往復運動して混合気の吸入・圧縮を行ない，膨張したガス圧力をコンロッドに伝え，クラン

図 **3·9**　ピストン各部の名称

クシャフトを回転させる役目をするもので
ある．ピストンは，図 **3·9** のように，ヘッ
ド部，スカート部，ピストンリングを取り
付けるリング溝，ピストンピンを支えるボ
スからできている．また，ピストンヘッド
の形状には，図 **3·10** のように，平頭形，

（**a**）平頭形　（**b**）凸頭形　（**c**）凹頭形

図 3·10　ピストンヘッドの形状

凸頭形，凹頭形の 3 種類があるが，一般には平頭形が多く用いられている．

（**1**）　**ヘッド部**　運転中における燃焼の最高瞬間温度は 2000 ℃以上となり，また，そ
の圧力は 4000 ～ 6000 kPa に達するため，**ピストンヘッド**（piston head）の天井部の肉
厚は，温度や圧力などによって決められる．

（**2**）　**リング部**　ピストンの上部には，図 **3·9** のように，3 ～ 4 本の溝がほり込まれて
いるが，ピストンリングをはめ込むための溝である．

（**3**）　**スカート部**（skirt）　熱膨張を考慮してヘッド部よりも直径が大きくつくられる．
また，膨張の影響を少なくするため，**ピストンボス**（piston boss）の部分に，膨張係数の
小さい金属で，**アンバストラット**（invar strut）という支柱を取り付けたものや，各所に
適当な**スリット**（slit：割れ目）を入れたものなどがある．

なお，ピストンは，アルミ合金の Lo-X や Y 合金などでつくられているが，いずれも
アルミニウムとニッケル・銅・マグネシウム・けい素などの合金で，比重は約 2.7 である．

アルミ合金は軽く，熱伝導性がよいことから多く用いられている．また，スカート部に
樹脂コート処理をして，摩擦力の低減を図っているものもある．

2.　ピストンの形状

アルミ合金製のピストンは，比較的熱膨張係数が大きいので，その対策上，ピストンの
形状にはいろいろな工夫がされている．また，ピストンは絶えず側圧を受けながらシリン
ダ内を往復運動するので，この側圧を減らし，往復運動を円滑にして摩耗を少なくするた
めに，直径に比べて胴の長さが長くなっている．

（**1**）　**円すいピストン**　ピストンは，図 **3·11** のように，上部
（リング部）の径 d がスカート部 D に比べて小さくつくられてい
る．これは，作動中のピストンは，上部が燃焼ガスの熱を直接受
けるため，下部に比べて多く熱せられ，同図のように，ヘッド部
とスカート下部との温度差が 170 ℃くらいになる．したがって，
それだけ上部のほうが多く膨張するので，これを考慮して，膨張
した場合にスカート部との径がほぼ同じになるように頭部の径を
小さくしてある．このように，上部が小さくつくられたピストン
を**円すいピストン**（cone piston）という．

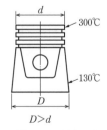

図 3·11　円すいピ
ストン

（**2**）　**カムグランドピストン**　ピストンの多くは，図**3·12**のように，真円形に仕上げられず，ピストンピン方向の径Bがその直角方向の径Aよりも小さくなっている．このようにつくられたピストンを**カムグランドピストン**（cam ground piston）という．ピストンは，ボス付近の肉厚が大きいため，その部分がよけいに膨張するので，あらかじめこの方向の径を小さくしておき，作動中のピストンが膨張した場合に真円になるようにしてある．

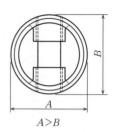

図3·12　カムグランドピストン

（**3**）　**スプリットピストン**　ピストンの側圧側に，図**3·13**のようなＴ字形のスリット（slit）と呼ばれる細長い溝をつけたものを**スプリットピストン**（split piston）という．ピストンの水平のスリットは，頭部からの熱が下部に伝わるのを防ぎ，縦のスリットは，スカート部の熱膨張の逃げの役目をする．したがって，ピストンスカートの部分がある程度膨張しても，このスリットでしわ寄せされるため，径方向の寸法の増加が少なくてすむ．

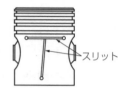

スリット

図3·13　スプリットピストン

3·4 | ピストンリング

ピストンリング（piston ring）は図**3·14**のようにピストンリング溝（piston ring groove）に取り付けられ，ピストンとシリンダとの間のすきまをふさぐ役目をする．このリングには，図**3·15**のように，**コンプレッションリング**（compression ring）と**オイルリング**（oil ring）の２種類があり，材質は特殊鋳鉄製で，研磨あるいはラップ仕上げされ，すべり面には表面処理が施されている．

図3·14　ピストンとピストンリング

1.　ピストンリングの種類

（**1**）　**コンプレッションリング**　ピストンが圧力を受ける際のガス漏れを防ぐために取り付けるもので，ガソリンエンジンでは，コンプレッションリングは２本で充分であるが，ディーゼルエンジンの圧縮圧力は高いので，３本のコンプレッションリングがはめ込まれている．

（**a**）　コンプレッションリング

（**b**）　オイルリング

図3·15　ピストンリング

（**2**） **オイルリング**　ピストンリング
溝の最下端にはめ込まれるリングで，シ
リンダに付着した油をかき落とす役目を
する．オイルリングでかき落とされた油
は，ピストンに設けられた油逃がし穴か
ら排出される．

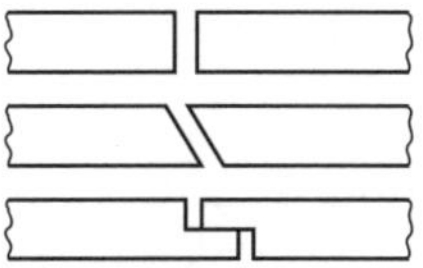

	（**a**）　バットジョイント
	（**b**）　アングルジョイント
	（**c**）　ラップジョイント

図3·16　ピストンリングの合い口

2. ピストンリングの合い口

ピストンリングの合い口（切り口）には，次の3種類がある．

①　**バットジョイント**（butt joint）　構造が簡単で，よく用いられる形であるが，ガス
が合い口から吹き抜けやすい欠点がある〔図**3·16**（**a**）〕．

②　**アングルジョイント**（angle joint）　合い口の形状は，ガスが吹き抜けにくいので，
各種のエンジンに用いられる〔図（**b**）〕．

③　**ラップジョイント**（lap joint）　合い口の形状はガスが最も吹き抜けにくいが，破
損しやすいという欠点がある〔図（**c**）〕．

なお，ピストンリングを複数取り付ける場合には，リングの合い口の方向は120°ある
いは180°の交互の位置に置くようにする．

3·5 ピストンピン

1. ピストンピンの作用

ピストンピン（piston pin）はピストンとコンロッドスモールエンドを連結するピンで，
肌焼き鋼かニッケル–クロム鋼でつくられ，その表面は硬化されている．

2. ピストンピンの取付け法

ピンをピストンに取り付ける方法には，次の3種類がある．

①　**固定式**　図**3·17**（**a**）のように，ピンをセットスクリュー（set screw：止めねじ）
でピストン側に固定したものである．

（**a**）　固定式　　　（**b**）　半浮動式　　　（**c**）　全浮動式

図3·17　ピストンピンの取付け法

② **半浮動式** 図(**b**)のように，ピンをコンロッドスモールエンドにボルトで締め付けたものである．

③ **全浮動式** 図(**c**)のように，ピストン，コンロッドのいずれにも固定しないで，運転中にピンが抜け出さないように，両端に**スナップリング**（snap ring）をはめ込んである．

3·6 コネクティングロッド

コネクティングロッド（connecting rod：**コンロッド**）はピストンとクランクシャフトとを連結するもので，ピストンの往復運動をクランクシャフトに伝え，クランクシャフトとともにピストンの往復運動を回転運動に変える作用をしている．

コンロッドはニッケル-クロム鋼，ニッケル-クロム-モリブデン鋼などの合金鋼でつくられ，図**3·18**のように，ピストンと結合する部分を**スモールエンド**といい，クランクシャフトに取り付けられるほうを**ビッグエンド**という．

なお，このコンロッドには，ピストンから大きな力が加わるため，中央部（ロッド部）は，H形断面にして充分な強度をもたせるとともに，重さの軽減を図っている．

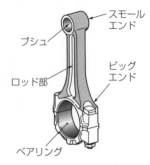

図3·18 コネクティングロッド

1. スモールエンド
スモールエンド（small end）の構造は，ピストンピンとの結合方式が，固定式，半浮動式および全浮動式のいずれによるかで違うが，全浮動式がよく用いられ，そのベアリング部には**ブシュ**（bush：軸受）が挿入されている．

2. ビッグエンド
ビッグエンド（big end）は，図**3·18**のように，中心で二分割され，ボルトでクランクピンに取り付けられる．また，ベアリング面には，ホワイトメタルあるいはケルメットメタルを用いたベアリング〔**ベアリングメタル**（bearing metal）とも呼ばれている〕がはめ込まれている．

3·7 クランクシャフト

1. クランクシャフトの作用および構造
クランクシャフト（crank shaft）は，ピストンの往復運動を受けて回転するシャフトで，図**3·19**のように，**クランクジャーナル**（crank journal），**クランクアーム**（crank arm），**バランスウエイト**（balance weight）および**クランクピン**（crank pin）からでき

ているが，その形状はシリンダの数によって異
なる.

　クランクシャフトの材料は，ニッケル-クロ
ム鋼またはクロム-モリブデン鋼などの強靱な
材料を型鍛造したものが用いられていたが，最
近は，ミーハナイト鋳鉄や球状黒鉛鋳鉄などの
鋳鉄製クランクシャフトが用いられている．ま

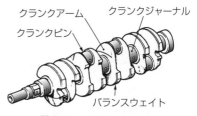

図3・19　クランクシャフト

た，このクランクシャフトには，回転の平衡をもたせるために，クランクピンの反対側に
バランスウエイトを取り付けている．

　クランクピンはコンロッドのビッグエンドが取り付けられる部分で，クランクアームは
クランクピンとクランクジャーナルを連結する腕，クランクジャーナルはクランクシャフ
トの回転を行なう部分であり，クランクシャフトベアリングで支持されている．このクラ
ンクシャフトベアリングを**メーンベアリング**（main bearing）という．

　クランクピンとクランクジャーナルの中心間の距離は，ピストンのストロークの1/2に
等しく，ピストンの1ストロークでクランクシャフトは1/2回転する．

　また，図3・20のように，クランクピン，クランクアームおよびクランクジャーナルの
中心に細い穴をあけ，クランクシャフトの回転の遠心力を利用して，これらの間に油を行
き渡らせ，潤滑を行なっている．

　なお，クランクシャフトの両端には，動力の
伝達のためや種々の補助装置，付属装置などを
駆動するために，フライホイールやタイミング
ギヤなどが取り付けられる．

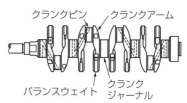

図3・20　クランクシャフトの油路

2.　クランクシャフトの形状

　クランクシャフトの形状は，シリンダの数，
シリンダの配列，点火順序などによって異な
る．ここでは4シリンダおよび6シリンダのク
ランクシャフトを例にあげて説明する．

　（1）　4シリンダのクランクシャフト　4シ
リンダのクランクシャフトは，図3・21のよう
に，第1と第4のクランクピンに対し，第2と
第3のクランクピンは180°の角度をもって反
対側に取り付けられ，第1と第4のピストンが
上昇するときは，第2と第3のピストンは下降
し，これら二組のピストンは，つねに反対方向

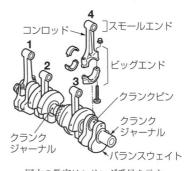

図中の数字はシリンダ番号を示す.

図3・21　4シリンダのクランクシャフト

にシリンダ内を往復する.

クランクジャーナルは3個,5個の
ものが用いられている.

**(2) 6シリンダのクランクシャ
フト** 6シリンダのクランクシャフト
は,図**3・22**のように,第1と第6,
第2と第5,第3と第4のクランクピ
ンがそれぞれ120°の角度をもって3
方向に放射状に配置されている.クラ
ンクジャーナルはおもに7個のものが
用いられている.

3. クランクジャーナル

クランクジャーナルはクランクケー
ス内に取り付けられ,クランクシャフ

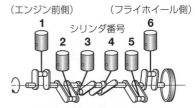

（エンジン前側） （フライホイール側）
シリンダ番号

図3・22 6シリンダのクランクシャフトと
シリンダ番号の例

（**a**） ホワイトメタル 　（**b**） ケルメットメタル
図3・23 メーンベアリング

トおよびフライホイールの重さを支えるとともに,クランクシャフトの回転をスムーズに
するもので,半割り形のものが用いられている.また,前にも述べたが,クランクジャー
ナルに用いられるメーンベアリングにはホワイトメタルやケルメットメタルなどの合金が
用いられ,二分割されている.図**3・23**にその例を示す.

3・8 点火順序

4サイクル多シリンダエンジンでは,燃焼は全シリンダで同時に行なわれるのではなく,
1シリンダずつ交互に行なわせて回転をスムーズにしている.各シリンダに点火する順序
を**点火順序**（firing order）という.このとき,エンジン前側すなわちラジエータ側からを
第1シリンダとし,以下,第2シリンダ,第3シリンダと番号を付けている（図**3・21**,図
3・22参照）.ここでは,4シリンダと6シリンダの点火順序について説明する.

1. 4シリンダエンジンの点火順序

4シリンダエンジンでは,エンジンの回転をスムーズにし,なるべく振動が起こるのを
防ぐために,点火はシリンダの配列順によらず,次のような2通りの点火順序が用いら
れている.

① 1→2→4→3
② 1→3→4→2

4シリンダエンジンでは,クランクの角度は180°であるから,第1と第4のピストンが
上昇するときには第2と第3のピストンは下降する.したがって,上記の点火順序を用い

表3·1 4シリンダエンジンの点火順序とシリンダ行程の関係

（a）1→2→4→3の場合

クランク角度＼シリンダ	1	2	3	4
180°	膨	圧	排	吸
360°	排	膨	吸	圧
540°	吸	排	圧	膨
720°	圧	吸	膨	排

（b）1→3→4→2の場合

クランク角度＼シリンダ	1	2	3	4
180°	膨	排	圧	吸
360°	排	吸	膨	圧
540°	吸	圧	排	膨
720°	圧	膨	吸	排

た場合の各シリンダの作用を示すと，表**3·1**のようになる．

2. 6シリンダエンジンの点火順序

6シリンダエンジンの点火順序は種々の組合わせが考えられるが，一般に用いられるのは表**3·2**の太文字で示した点火順序である．このように，直列エンジンでは，なるべく遠いシリンダを順次燃焼させて横振れを防ぎ，回転をスムーズにしている．

表3·2 6シリンダエンジンの点火順序

	点火順序
1	1 → 4 → 2 → 6 → 3 → 5
2	1 → 3 → 5 → 6 → 4 → 2
3	1 → 4 → 5 → 6 → 3 → 2
4	1 → 3 → 2 → 6 → 4 → 5

6シリンダエンジンのクランクシャフトのクランク角度は120°であり，第1と第6，第2と第5，第3と第4の三組のクランクピンが互いに120°の角度をもっているから，クランクシャフトの1/3回転ごとに1回の膨張が行なわれる．したがって，6シリンダエンジンでは，4シリンダエンジンより膨張が連続的に行なわれるので，エンジンの回転はスムーズであり，振動も少ない．

3·9 | フライホイール

フライホイール（flywheel：はずみ車）は，図**3·24**のように，クランクシャフトの後端に取り付けられる鋳鉄製の円板で，膨張行程によって生じたエネルギーを一時吸収する．この蓄積したエネルギーによって，ピストンは，次の排気・吸入・圧縮の各ストロークをスムーズに行なえる．なお，このフライホイールには，その外周に，始動電動機（starting motor）のギヤとかみ合うための**リングギヤ**（ring gear, flywheel starter gear：始動大歯車）が取り付けられている．

リングギヤ

図3·24 フライホイール

3·10 | バルブおよびバルブメカニズム

1. バルブの作用および構造

バルブ（valve）は，適当な時期に開閉して，シリンダ内に混合ガスを吸入し，また，膨張後に排気ガスをシリンダ外に排出するもので，ガスの入口のバルブを**吸気バルブ**（intake valve, suction valve），ガスの出口のバルブを**排気バルブ**（exhaust valve）という．

バルブは膨張時の燃焼ガスの高熱を直接受けるから，熱に耐え，容易に酸化しない耐熱鋼をすえ込み鍛造してつくられている．図3·25は，おもに内燃機関に用いられるバルブで，きのこ形をしているので，**ポペットバルブ**（poppet valve：きのこ弁）と呼ばれている．バルブは，図のように，**バルブヘッド**（valve head），**バブルシート**（弁座）に当たる**バルブフェース**（valve face：弁

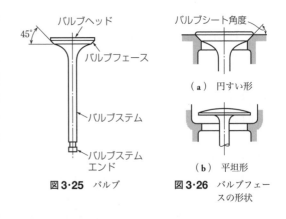

図3·25 バルブ

図3·26 バルブフェースの形状

面），**バルブステム**（valve stem：弁棒），**バブルステムエンド**（valve stem end：弁端）から成り立っており，バルブフェースの構造によって図3·26に示した円すい形と平坦形の2種類があるが，自動車用エンジンには円すい形が用いられている．

なお，バルブシートの角度は一般に45°であるが，ガスの吸込みをよくするために30°にしたものも用いられている．

2. バルブメカニズム

4サイクルガソリンエンジンでは，クランクシャフトの2回転中に，吸気バルブおよび排気バルブは1回ずつ開閉させればよいから，エンジンはそれに適した種々の**バルブメカニズム**（valve operating mechanism）をもっている．バルブメカニズムは，クランクシャフトからタイミングギヤによって回転させられるカムシャフトの回転でバルブを上下させる方法が用いられている．

バルブメカニズムには，オーバヘッドバルブ式（OHV），オーバーヘッドカム式（OHC），サイドバルブ式（SV）がある．

（1）OHV（over head valve type）**エンジン** 図3·27のようなバルブメカニズムをもっている．クランクシャフトと連動しているカム（cam）によってタペット（tappet），

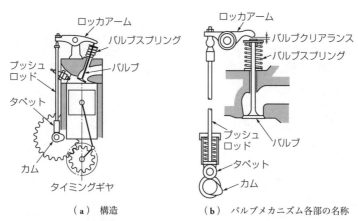

（a） 構造　　　　　　　（b） バルブメカニズム各部の名称

図3·27 OHV バルブメカニズム

プッシュロッド（push rod：押し棒）がロッカアーム（rocker arm：揺れ腕）を押し上げ，ロッカアームの反対側がバルブを押し下げ，バルブが開いた状態になる．次に，ロッカアームの押下げ力がなくなり，バルブスプリング（valve spring）によってバルブがバルブシートに密着し，バルブが閉じた状態になる．

　4サイクルガソリンエンジンでは，クランクシャフトの回転をカムシャフトへ伝達するために，タイミングギヤによってクランクシャフトの回転を1/2に減速してカムシャフトに伝達し，吸・排気バルブはクランクシャフト2回転で1回開閉する．

　このOHVは，燃焼室を理想的な形状にすることができ，バルブを大きくして吸・排気効率をよくする特徴をもっている．しかし，構造が複雑となり，また，プッシュロッドなどの重さが増して慣性が大きくなるため，バルブスプリングを強くしなければならないなどの欠点はあるが，自動車用エンジンに広く採用されている．

（2）　OHC（over head cam shaft type）**エンジン**　このバルブメカニズムは，OHVの欠点である重さを減らすため，カムシャフトをバルブの頭上において中間部品をなくしたもので，高速でも安定したバルブの開閉が行なえるよう工夫されている．

　なお，このバルブメカニズムには，1本のカムシャフトですべてのバルブを作動する**シングルオーバヘッドカムシャフト**（single over head cam shaft：SOHC または OHC）**方式**（図**3·28**）と，2本のカムシャフトでバルブを作動する**ダブルオーバヘッドカムシャフト**（double over head cam shaft：DOHC）**方式**（図**3·29**）があり，高速性能が必要となる乗用車には，DOHC が広く採用されている．

　両図は**シムレスバルブリフタ**（shim less valve lifter）で，ロッカーアームがなく，カムシャフトで直接バルブリフタを駆動する動弁系で，リフタとカムの間のバルブクリアラ

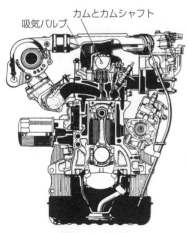

吸気バルブ　カムとカムシャフト

図 3·28 SOHC

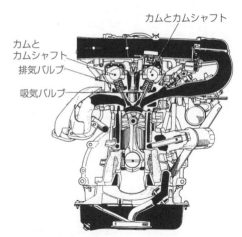

カムとカムシャフト

カムと
カムシャフト
排気バルブ
吸気バルブ

図 3·29 DOHC

ンスを調整するシムをなくしてキャップ状のシムをかぶせる方式である.

（ 3 ）　**SV**（side valve type）**エンジン**　図 3·30 のような機構によってバルブを開閉している.

　図のように，バルブはバルブスプリングの伸長力によってつねにバルブシートに密着しているが，カムシャフトが回転するとカムの突起部がタペットを押し上げ，バルブをバルブシートから離してガスの通路を開く．また，カムシャフトがさらに回転してその突起部がタペットを離れると，バルブはバルブスプリングの弾力によって引き下げられ，バルブシートに密着してガスの通路を閉じる.

　この SV は構造が OHV に比べて簡単で安価にでき，バルブメカニズムの質量・慣性も小さく，摩耗も少ないなどの特徴がある．しかし，構造上，混合気の流路に曲折が多く，またバルブを大きくとれないために吸・排気効率が悪く，圧縮率も高くとれないなどの欠点があるので，比較的小型エンジンに用いられている.

（ 4 ）　**バルブクリアランス**　バルブステムエンドとロッカアームとの間は，図 3·30（ b ）のように，バルブが閉じたときわずかな

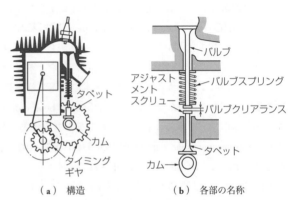

タペット

カム

タイミング
ギヤ

バルブ

アジャスト
メント
スクリュー

バルブスプリング

バルブクリアランス

タペット

カム→

（ a ）　構造　　　　　（ b ）　各部の名称

図 3·30 SV バルブメカニズム

すきまがある．このすきまを**バルブクリアランス**（valve clearance）という．このバルブクリアランスがないと，バルブステムが熱のため膨張して伸びたとき，バルブフェースがバルブシートから離れてガスが漏れる．しかし，このバブルクリアランスが大きすぎると，エンジンの回転中に騒音を生じ，バルブの開きが不充分になる．したがって，バルブクリアランスは，そのエンジンに規定されたとおり正しく調整しておかなければならないので，**アジャストメントスクリュー**（adjustment screw）によって調整できる．一般的には，吸気側で 0.2 〜 0.35 mm，排気側で 0.3 〜 0.4 mm 程度のバルブクリアランスをもつ．

3. タイミングギヤ

タイミングギヤ（timing gear：調時歯車）は，クランクシャフトから連動してカムシャフトを回転させる一組のギヤをいい，図 **3·31** のように，クランクシャフトギヤ，カムシャフトギヤで構成されている．

4 サイクルエンジンでは，前述のように，クランクシャフトが 2 回転する間に吸気バルブ・排気バルブを 1 回ずつ開閉させればよいから，クランクシャフトギヤはカムシャフトギヤの 1/2 の歯数であり，クランクシャフトギヤの 1 回転に対してカムシャフトギヤは 1/2 回転する．

カムシャフトギヤ

クランクシャフトギヤ

図 3·31 タイミングギヤ

この二つのギヤの材料には低炭素浸炭鋼，クロム肌焼き鋼などが用いられ，表面硬化をして使用される．また，カムシャフトギヤは，騒音を防止するために，一般にヘリカルギヤ（helical gear）が用いられるが，ベークライトなどの合成樹脂材を用いたものもある．

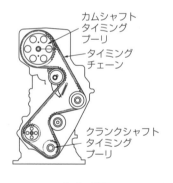

カムシャフトタイミングプーリ

タイミングチェーン

クランクシャフトタイミングプーリ

（**a**） 構造

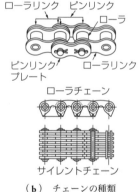

ローラリンク　ピンリンク

ローラ

ピンリンクプレート

ローラリンク

ローラチェーン

サイレントチェーン

（**b**） チェーンの種類

図 3·32 タイミングチェーン

なお，図 **3·32** は，ギヤの代わりにチェーンを用いた例であり，**タイミングチェーン**（timing chain）と呼ばれる．これは，運転中の騒音が少ないという特徴があるが，チェーンが伸びてバルブの開閉に狂いを生ずることがある．最近，作動時の騒音が小さい**コグベルト**（cogged belt）と呼ばれる

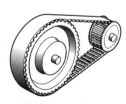

図 3·33 コグベルト

歯付きベルトも多く用いられるようになってきた．図3・33にその例を示す．

4. カムおよびカムシャフト

カム（cam）は，図3・34のように，円形の一部が突起しているもので，種々の形があるが，一般には接線カムと円弧カムが用いられている．また，カムは**カムシャフト**（cam shaft）と一体につくられる．

（a）接線カム （b）円弧カム （c）凸面カム

図3・34 カムの形状

図3・35はカムシャフトの例を示したものである．このカムシャフトには，特殊鋼で鍛造したものと特殊鋳鉄で鋳造したものとがある．

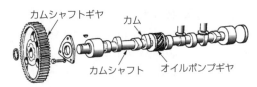

図3・35 カムシャフト

なお，自動車用のカムシャフトには，吸・排気用のカムのほかに，ディストリビュータ，オイルポンプなどを回転させるギヤや，燃料ポンプを駆動させるカムも取り付けられている．

5. バルブタイミング

4サイクルガソリンエンジンでは，バルブは，ピストンが上死点あるいは下死点に至ったときに開き，あるいは閉じればよいと考えられるが，実際に，このようにしたのでは，エンジンの回転速度が速いうえにガスの出入口が狭いため，吸・排気が充分に行なわれない．したがって，最も効果的に吸・排気を行なわせるために，エンジンでは，ピストンが死点に達する前，あるいは死点を通過したのちにバルブを開閉するようになっている．このバルブのピストンのストロークに対応した開閉時期のことを**バルブタイミング**（valve timing：**弁開閉時期**）といい，バルブタイミングをクランク角度で示したグラフを**バルブタイミングダイヤグラム**（valve timing diagram）という（図3・36）．

なお，図3・36のように，上死点付近で排気バルブが閉じないうちに吸気バルブが開き，両バルブとも開いたままの時期がある．この期間のことを**バルブオーバラップ**（valve overlap）といい，これによって混合気や燃焼ガスに流れを与え，吸・排気がよりよく行なえるようにしている．

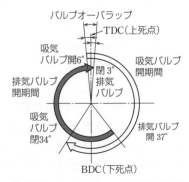

図3・36 バルブタイミングダイヤグラム

4

燃料装置

4·1 燃料

内燃機関に用いられる燃料（fuel）は，おもに原油（crude oil）を蒸留精製して得られる液体燃料で，一部では気体燃料も使われている．

1. 液体燃料の種類と性質

図 4·1 のように，原油を蒸留精製すると，蒸留温度によってガソリン（gasoline），灯油（kerosene），軽油（light oil），重油（heavy oil）などが得られる．

表 4·1 に液体燃料の性質を示す．

2. ガソリンの性質

ガソリンは，炭素（C）と水素（H）の化合物の炭化水素（HC）であり，そのおもな性質は，次のとおりである．

① 常温で気化しやすい．

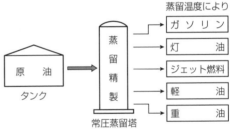

図 4·1 原油の蒸留精製工程

表 4·1 液体燃料の性質

種類	性質	比重	蒸留温度〔90% 点℃〕[1]	発熱量〔kJ/kg〕	理論混合比〔質量比〕	オクタン価 セタン価	備考
ガソリン	航空機用	0.69 〜 0.72	190 以下	44400 以上	約 14.8	オクタン価 80 以上	**JIS K 2206**
ガソリン	自動車用	0.72 〜 0.75	200 以下	44400 以上	約 14.8	オクタン価 85 以上	**JIS K 2202**（1 〜 2 号）
灯油		0.78 〜 0.85	320 以下	44000 以上	約 14.7	セタン価 40 以上	**JIS K 2203**
ジェット燃料		0.73 〜 0.85	290 以下	43600 以上	約 14.7	セタン価 40 以上	JP-4 [2]
軽油		0.84 〜 0.89	350 以下	43600 以上	約 14.2	セタン価 40 以上	**JIS K 2204**（1 〜 3 号）
重油		0.90 〜 0.99	—	42700 以上	約 13.9	セタン価 40 以上	**JIS K 2205**

〔**注**〕　[1] 〔90% 点℃〕とは，一定条件のもとで 90% の燃料が蒸留される温度をいう．
　　　[2] アメリカ合衆国のジェットエンジン燃料規格．
日本機械学会編「機械工学便覧」による．

② 無色透明で，一種の芳香を有する．

③ 比重が軽い（0.60 〜 0.74）．

④ 引火点（−20℃〜−43℃）が低いので，低温度で引火する．

⑤ 油やゴムなどを溶解する．

⑥ 発生熱量が大きい（44400 〜 45300 kJ/kg）．

⑦ 燃焼後の残留炭素分（燃えかす）が少ない．

⑧ 粘度が非常に小さい．

　ガソリンには以上のような性質があるので，ガソリンを取り扱うときには火気に注意しなければならない．

　ガソリンエンジン用の燃料として最も重要なことは，適度な**気化性**（vaporization）をもっていることである．しかし，気化性がよすぎると，燃料パイプが加熱されたときに燃料が燃料パイプ内で蒸発して気泡ができ，燃料が流れなくなる現象である**ベーパロック**（vapour lock）が生じる．したがって，適度な気化性をもつガソリンが用いられている．

3. 混合気と混合比

　ガソリンエンジンでは，高い膨張圧力を得るためにガソリンは気化され，燃焼に充分なだけの酸素を含んだ空気と混合され，**混合気**（fuel-airmixture）となって各シリンダに一様に配分される．この混合気をつくるとき燃料と空気との混合の割合のことを**混合比**（mixture ratio）といい，混合の割合は質量比で表わす．

　ガソリンを完全燃焼させるのに必要な空気量は，理論上，ガソリン1に対して空気14.8の質量割合である．このガソリンと空気の混合の質量比を**理論混合比**（theoretical mixture ratio）といい，1：14.8より大きい混合気を**リーンミクスチャ**（lean mixture：薄い混合気）といい，これより小さい混合気を**リッチミクスチャ**（rich mixture：濃い混合気）という．この割合は軽油・重油でも変わらない．

　混合気は，空気量によっては点火・燃焼しない．ガソリンの場合，スパークで点火・燃焼する混合比の範囲は1：8 〜 20であり，これを**可燃限界混合比**という．

　理論的にガソリンを完全燃焼させるには，1：14.8の混合比がよいが，実際には，吸気パイプ，バルブ開度などの吸気通路の状況や混合気の均質性の問題，エンジン回転数などによって燃焼条件が変わってくる．また，運転状態により，燃料消費の少ない経済運転を望む場合と，多少燃料は不経済でも高出力を望む場合などがあって，混合比は表4・2のように変化させている．

表4・2 運転状態と混合比

エンジンの運転状態	混合比
冷えたエンジンを始動するとき	1：1
アイドリング回転のとき	1：5
最大出力を得たいとき	1：12 〜 13
理論混合比	1：14.8
経済運転を望むとき	1：16 〜 23

4·2 ガソリンエンジンの燃焼

1. 燃焼過程

ガソリンエンジンのシリンダ内における混合気の燃焼過程は，図4·2のように，クランク角度が上死点前5〜30°のとき点火プラグによって点火され，急速に燃焼し，シリンダ内圧力は急激に上昇して，上死点後5〜10°で最高圧力に達する．

燃焼状況をもう少しくわしく調べてみると，図4·3のように，混合気は点火プラグによって点火されると同時に燃焼を始める．この燃焼は，火炎面がほぼ一様な速度でシリンダ内の混合気の未燃焼部分に進行していく．このときの燃焼速度は20〜30 m/sくらいになっている．また，シリンダ内温度も1500〜2000℃にも達する．

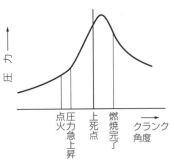

図4·2 ガソリンエンジンの燃焼過程

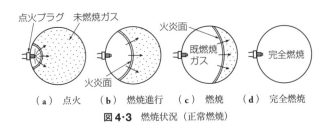

（a） 点火　　（b） 燃焼進行　　（c） 燃焼　　（d） 完全燃焼

図4·3 燃焼状況（正常燃焼）

このように，シリンダ内での混合気の燃焼には，点火時期・燃焼速度・混合比などが大きな影響を与える．

2. 異常燃焼

ガソリンエンジンでは，前述したような正常燃焼が行なわれて運転されていれば問題はないが，次のような**異常燃焼**（abnormal combustion）を起こすこともある．

（1）　過早点火　シリンダが何らかの影響で過熱状態になったとき，点火プラグやバルブなどの高熱部分が点火源となり，正規の点火時期よりも前に混合気が発火して燃焼を起こすことがある．このような現象を**過早点火**（pre-ignition）という．この現象が軽い状態のときには運転が不調になる程度であるが，激しいときはピストンが焼損することもある．

（2）　ノック　エンジンの運転中にシリンダ壁をハンマでたたくような鋭い打音が発生し，運転が不調になり，出力が低下し，激しいときにピストンやバルブなどが焼損することがある．このような現象を**ノック**（knock）あるいは**ノッキング**（knocking）という．

ノックが生じる原因は，未燃焼ガスの自然発火といわれている．つまり，正規の点火時期に点火されて燃焼は始まるが，燃焼が進行するにつれて火炎面が広がり，燃焼ガスの急

激な圧力上昇のために未燃焼部分のガスは圧縮され，温度が高まり，さらに火炎面から熱放射を受けていっそう温度は高くなる．そして，その温度が未燃焼ガスの発火点を超すと，未燃焼部分のガスが瞬間的に急激に燃焼して高温・高圧になり，衝撃波が生じ，これによって激しいガス振動が起こり，シリンダ壁にぶつかり，ノック音を発生させる．この状態を図示すると図4・4のようになる．なお，図

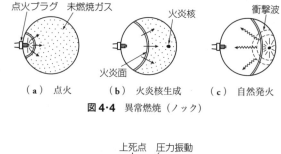

図4・4　異常燃焼（ノック）

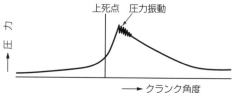

図4・5　インジケータ線図に表われたノックの圧力振動

4・5は，インジケータ線図に表われたノックの圧力振動を示したものである．

ノックを防止するには，次のような方法が考えられる．

① ノックの起こりにくい燃料を用いる．

② 燃焼速度を速くし，未燃焼部分のガスが自然発火する前に正常燃焼させてしまう．

③ 燃焼室の改良，圧縮比，点火時期などについて工夫する．

このうち，一般的にとられているのは，ノックの起こりにくい燃料を用いる方法である．

（3）オクタン価　ノックを起こしにくい性質のことを**アンチノック性**（anti-knock quality）といい，これを数値で表わしたものを**オクタン価**（octane number）という．オクタン価の数値が大きい燃料ほどノックを起こしにくい（表4・1参照）．

オクタン価は，1927年，アメリカのグラハム・エドガー（Graham Edgar）によって提唱されたもので，その表わし方は次のようになっている．

アンチノック性の高い燃料であるイソオクタン（$i\text{-}C_8H_{18}$）のオクタン価を100，アンチノック性の低い燃料であるノルマルヘプタン（$n\text{-}C_7H_{16}$）のオクタン価を0と決め，この両方を混合して，イソオクタンの混合容量の割合で，この混合燃料のオクタン価を表わす．そして，この燃料を標準燃料とし，調べようとする燃料と比較してノックの度合が一致したときの，標準燃料のオクタン価をその燃料のオクタン価とする．

ガソリンエンジンに用いられているガソリンは，ガソリンのオクタン価を高めるために，**四エチル鉛**〔$Pb(C_2H_5)_4$〕を**アンチノック剤**としてガソリンに混入していたが，四エチル鉛は毒性が強いので，無鉛化が進められてきた．その結果，四エチル鉛を混合しなくともオクタン価85以上の無鉛ガソリンが開発された．また，本来，ガソリンは無色であるが，

有鉛ガソリンはその毒性を表示するため，無鉛ガソリンは灯油と区別するため，淡い赤系色に着色されている．なお，LPGのオクタン価はガソリンより高く，90以上である．

軽油のディーゼルエンジン内での自己着火のしやすさ，つまり，ディーゼルノックの起こりにくさを示す数値を**セタン価**（cetane number）といい，この値が高いほど自己着火しやすい燃料である（表**4·1**参照）．

4·3 燃料装置

燃料供給系は，図**4·6**のように，燃料タンク，燃料ポンプ，燃料フィルタ，キャブレータ，吸気マニホルドと，それらを結ぶパイプからなっている．このような燃料の供給にかかわる装置のことを**燃料装置**（fuel system）という．

図4·6 燃料供給系統

1. 燃料タンクと燃料ポンプ

燃料タンク（fuel tank）には，外部からガソリンを補給するための吸入口と，燃料フィルタへ通じる吐出し口とがある．このほか，燃料ポンプやフューエルゲージ用のタンクユニットが取り付けられている．タンク内部は，錆ないようにめっきされており，走行中に燃料が波打たないように仕切り板が設けられている．

燃料ポンプ（fuel pump）は燃料タンク内の燃料を吸い上げ，燃料フィルタを通してキャブレータや燃料噴射装置へ送る装置である．燃料ポンプにはダイヤフラム式と呼ばれる機械式とモータで駆動される電気式があるが，自動車では電気式が多く使われている．燃料タンク内の電気式モータはガソリンで潤滑され，冷却されている．図**4·7**に燃料タ

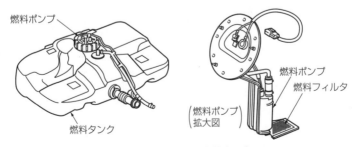

図4·7 燃料タンクと燃料ポンプ

ンクと燃料ポンプを示す.

2. 燃料フィルタ

燃料フィルタ（fuel filter）は，燃料ポンプから送られた燃料に混入したごみや水分などの不純物を沈殿ろ過し，キャブレータや燃料噴射装置へ送るもので，図4・8のようにフィルタエレメント（filter element）と呼ばれるろ過材が組み込まれている.

図4・8 燃料フィルタ

3. キャブレータ

（1）キャブレータの役割 キャブレータ（carburetor）は，運転状態にあったガソリンと空気との混合気をつくる装置である．キャブレータでつくられた混合気の良否は，エンジンの出力・燃料消費量に大きな影響を与える．したがって，キャブレータには次の条件が要求される.

① 低速から高速まで，エンジンの要求する適切な混合比の混合気をつくること.

② 燃料を微粒化して気化しやすくし，空気とよく混ぜ合わせること.

③ エンジン出力の急激な変化によく対応できること.

なお，図4・9は，自動車用として多く採用されている2段式ツーバレルキャブレータの外観である.

図4・9 キャブレータの外観

（2）キャブレータの原理 キャブレータの原理は霧吹きの原理と同じである．図4・10のように，エンジンの吸気行程のときに生ずる負圧で空気を吸い込み，空気がベンチュリを通過する際，圧力を下げて，燃料ノズルからガソリンを霧状にして吸い出して混合する．このとき，ベンチュリでなぜ圧力が下がるのかを説明しよう.

図4・11のように，水や空気のような流体の流れる管路の一部を絞ったものを**ベンチュリ**（venturi）という.

いま，管の断面①と断面②の断面積，流速，圧力を（A_1 [m^2]，v_1

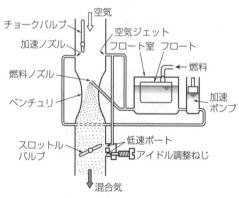

図4・10 キャブレータの構造

[m/s]，P_1 [N/m^2]），（A_2 [m^2]，v_2 [m/s]，P_2 [N/m^2]）とし，大気圧を P_0 [N/m^2] とする．

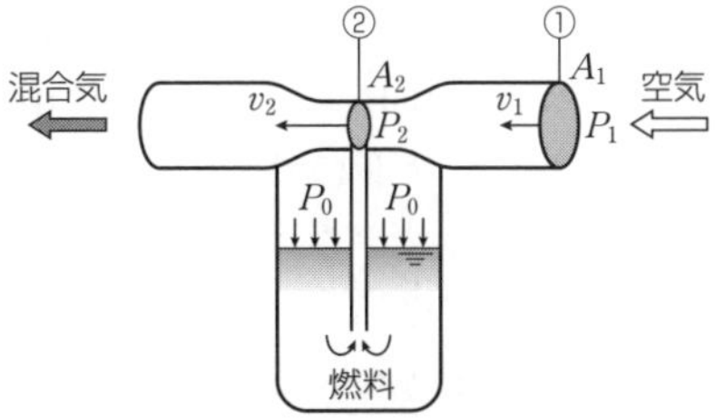

断面 ① を通過する流量は $A_1 v_1$ で，断面 ② では $A_2 v_2$ であるが，①，② 両断面の流量は等しい．これを**連続の法則**（equation of continuity）といい，流量 Q は

図 4·11 キャブレータの原理

$$Q = A_1 v_1 = A_2 v_2 \qquad (4·1)$$

ここで，$A_1 > A_2$ であるから，$v_2 > v_1$ となり，絞られた部分の流速は速くなる．

また，ベルヌーイの定理（Bernoulli's principle）により，① と ② の間には次式が成り立つ．

$$Z_1 + \frac{P_1}{\gamma} + \frac{v_1{}^2}{2g} = Z_2 + \frac{P_2}{\gamma} + \frac{v_2{}^2}{2g} \qquad (4·2)$$

ここで，Z_1, Z_2：位置水頭 [m]，γ：流体の比重量 [N/m^3]，g：標準重力加速度 [m/s^2]．また，水平管路であるから

$$Z_1 = Z_2$$

連続の法則から

$$v_1 < v_2$$

したがって，$P_1 > P_2$ となり，$P_1 = P_0$（大気圧）であるから，ベンチュリ部の圧力 P_2 は大気圧以下になる．

（3） キャブレータの主要部

① **フロート室**（float chamber）　タンクから燃料ポンプによって送られたガソリンをノズルに供給するために溜め，ガソリンの油面を一定に保つ働きをする．その作用は，フロート室にガソリンが入り，その量が一定の高さに達するとフロートは浮き上がり，**ニードルバルブ**（needle valve）がガソリンの入口をふさぐ．また，ガソリンが消費され，その量が少なくなるとフロートは下がるからニードルバルブは開き，ガソリンを流入させる．

② **燃料ノズル**（fuel nozzle, main nozzle）　通常の運転状態および高速運転をするときにガソリンを噴出させるノズルで，液だれをしないようにフロート室の油面よりやや高い位置に取り付けられる．

③ **低速ポート**（idle port）　エンジンの低速回転のときに作用するノズルで，スロットルバルブが閉じられているときは低速ポート付近の気圧が下がるので，ガソリンはフロート室から低速ポートへ吸い出され，濃い混合気をつくる．このとき，燃料ノズルの作用は行なわれていない．

④ **スロットルバルブ**（throttle valve）　シリンダに送られる混合気の量を調整す

るバルブで，**バタフライバルブ**（butterfly valve）が用いられ，運転席の加速ペダル（accelerator pedal）によって開閉動作が行なわれる．加速ペダルを踏むと，スロットルバルブが開き，多量の混合気がシリンダに送られるから，エンジンの回転および出力を増大させることができる．

⑤ **チョークバルブ**（choke valve）　混合気をつくる空気の量を加減するバルブで，キャブレータの空気入口に取り付けられる．チョークバルブは，エンジンの始動時に吸入される空気の量を減らして，一時的に濃い混合気をつくるのが目的であるから，エンジンが始動して充分に暖まると，チョークバルブは直ちに全開される．なお，チョークバルブは，エンジンの温度によって自動的に開閉される．

⑥ **燃料ジェット**（fuel jet，main jet）　燃料の流量を計測するために燃料ノズルの途中に取り付けられている．

⑦ **空気ジェット**（air jet，air bleed）　燃料ノズル付近に設けられた細い空気口で，ノズルから吸い出されるガソリンを微粒化するために空気を混合して泡状にし，燃料の霧化・気化を助けている．

⑧ **加速ポンプ**（accelerator pump）**および加速ノズル**（accelerator nozzle）　エンジンを加速するとき，一時的に多量の燃料を噴出させるポンプと噴出するノズルで，スロットルバルブに連動している．

（4）**キャブレータの働き**　図4·12に示すキャブレータで，各運転状態におけるキャブレータの働きをみてみよう．

① **低速系統**（slow system）　アイドル調整ねじ（idle adjusting screw），エアバイパス（air by-pass），低速ポートなどの部分からなり，エンジンの低速回転時におけるガソリンの供給を受けもつもので，その作用は次のとおりである．

加速ペダルを踏まないときはスロットルバルブは閉じているから，エンジンの吸入力によってスロットルバルブから下の部分に負圧を生じる．したがって，ガソリンは，フロー

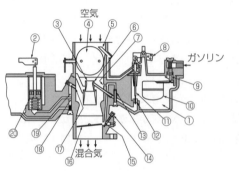

① フロート室	⑫ 燃料ジェット
② 加速ポンプレバー	⑬ スロージェット
③ ベンチュリ	⑭ アイドル調整ねじ
④ チョークバルブ	⑮ 低速ポート
⑤ フロート室通気穴	⑯ スロットルバルブ
⑥ 燃料ノズル	⑰ 加速ノズル
⑦ 空気ジェット	⑱ インレットチェックバルブ
⑧ 加速ポンプレバー	⑲ アウトレットチェックバルブ
⑨ ニードルバルブ	
⑩ フロート	
⑪ メータリングピン（計量針バルブ）	⑳ 加速ポンプ

図4·12　キャブレータの構造（カータ形キャブレータ）

ト室からスロージェット（slow jet）を通って吸い上げられ，空気ジェットから吸い込まれる空気に混じって低速ポートから噴出し，シリンダに吸入される．

このように，低速回転のときは濃厚なガスが供給され，アイドリングがスムーズに行なわれる．

なお，**アイドリング**（idling）とは，無負荷で回転がスムーズに行なわれる最低の回転速度の運転状態のことで，この調整はアイドル調整ねじで行なう．

② **メーン系統**（main system）　加速ペダルを踏み込むとスロットルバルブが開き，ガソリンは燃料ノズルから吸い出され，ベンチュリを通る速い空気の流れにぶつかって気化・混合される．また，スロットルバルブと燃料ジェットは連動しているので，スロットルバルブの開度が大きくなると燃料ジェットで計量され，この部分を通るガソリンの量が増加し，吸入される空気量の増加に応じて高速回転に適した混合気がつくられる．

③ **加速系統**　エンジンを急に加速する場合には，燃料ノズルから出るガソリンだけでは応じきれないため，ほかの部分から一時的に多量のガソリンを噴出させる必要がある．

加速ペダルを踏むと，スロットルバルブが開くと同時にポンプレバーが押し下げられる．ポンプ内部のガソリンは，アウトレットチェックバルブ（outlet check valve）を押し開き，加速ノズルから急激に噴出され，エンジンを加速させることができる．

また，加速ペダルをゆるめると，スプリングによってポンプは押し戻されるので，フロート室からのガソリンはインレットチェックバルブ（inlet check valve）を開き，ポンプ内に再び充満して次の加速時に備える．

（5）　キャブレータの種類　キャブレータは，次のように分類できる．

（i）　ベンチュリの構造による分類

① **固定式**　ベンチュリの大きさが固定されているもの．

② **可変式**　ベンチュリの大きさが変えられるもの．

（ii）　通風方向による分類

① **下向き式**　混合気出口が下向きで，ダウンドラフト（down draft）と呼ばれる．

② **横向き式**　混合気出口が横向きで，ホリゾンタルドラフト（horizontal draft）と呼ばれる．

（iii）　バレル数による分類

① **シングルバレル**（single barrel）　混合気通路が1個のもの．

② **ツーバレル**（two barrel）　混合気通路が2個のもの．

（iv）　キャブレータの使用個数による分類

① **シングルキャブレータ**（single carburetor）　エンジンにキャブレータが1個ついているもの．

② **ツインキャブレータ**（twin carburetor）　エンジンにキャブレータが2個ついてい

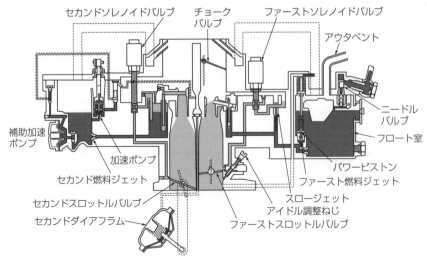

図4·13 ツーバレルキャブレータ

るもの.

　図4·13は，自動車用ガソリンエンジンのツーバレルの2段作動式のキャブレータを示したものである.

　シングルバレルのキャブレータは，低速運転や負荷が軽いときは安定しているが，高速回転のときにエンジン出力が低下する欠点をもっている．このシングルバレルの欠点を補うためにツーバレルのキャブレータが開発された.

　ツーバレルキャブレータは，2個のバレルが独立していて，別々に混合気を供給する形式と，通常運転時は第1バレル（図4·13のファースト側）が作動し，高速運転時には第1バレル，第2バレル（図4·13のセカンド側）とも作動する2段式とがある．現在，自動車用に多く採用されているのは，この2段式のツーバレルキャブレータを改良したものである.

4·4 燃料噴射装置

　1980年代前半からO₂センサの空燃比信号に合わせて**エンジンコントロールユニット**（engine control unit：ECU）に制御される**電子制御式キャブレータ**（electronically controlled carburetor：ECC）が使われる車が増えたが，1990年代になって排出ガス規制に充分対応できる燃料噴射装置が量産されるようになったことから，直接，燃料を吸気パイプ内に噴射する**電子制御式燃料噴射装置**（electronic fuel injection system：EFI）が

キャブレータ方式に代わり使用されるようになってきた.

　燃料噴射装置には，吸入空気量を検知する方法によって**スピードデンシティ**（speed density）**式**と**マスフロー**（mass flow）**式**とがある．また，燃料の噴射方法によって独立噴射式，グループ噴射式，同期噴射式などがある．

　ここでは，日本で多く採用されているマスフロー式

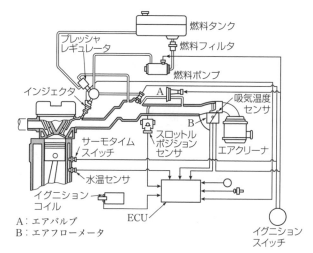

図4·14 電子制御燃料噴射装置

の電子制御式燃料噴射装置について説明する．

　この装置は，図4·14のように，燃料系統，空気系統，制御系統からなる．

　燃料系統は燃料タンクからインジェクタまでで，燃料タンクから燃料フィルタを通して燃料ポンプで吸い上げられた燃料を各シリンダのインジェクタに圧送し，**電子制御コンピュータユニット**（electronic computer unit：ECU）からの指示で吸気パイプ内へ噴射する系統である．

　空気系統はエアクリーナから吸気パイプまでで，エアクリーナを通った空気をエアフローメータでスロットルバルブの開度に応じて流量を計測し，各シリンダ内へ吸入させる系統である．

　制御系統は吸入空気量や回転数，水温，エンジン負荷などの状態を各センサが測定してECUに送り，最適な燃料噴射量を指示してインジェクタへ知らせる系統である．

　インジェクタは，図4·15のような構造をしており，各シリンダの吸気パイプ内やシリンダ内に取り付けられる．インジェクタ内部のソレノイドコイルに制御系統からの指示で信号が伝わり，プランジャが磁力で引き寄せられている間，ノズルの噴射口（injection hole）が開き，エンジン内に燃料が噴射される．

図4·15 インジェクタ

4·5 | 過給機

エンジンの大きさを増さずに，また回転数を上げないでエンジンの出力を向上させるためには，空気を空気圧縮機で強制的にシリンダ内へ送り込んで，多くの混合気を燃焼させればよい．これを**過給**（super charge）といい，空気圧縮機のことを**過給機**（super charger）という．図**4·16**に過給機の外観とその構造を示す．

過給機の駆動方式には，エンジンのクランクシャフトから動力を取り出して駆動する**機械駆動式過給機**（mechanically drive super charger）と，エンジンの排気ガスでタービンを回して駆動する**排気タービン駆動式過給機**（exhaust turbin drive super charger）の2種類がある．排気タービン駆動式過給機は，一般に**ターボチャージャ**（turbo charger），

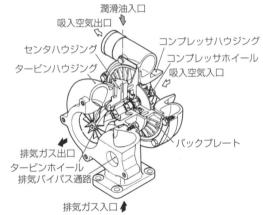

潤滑油入口
吸入空気出口
コンプレッサハウジング
センタハウジング
コンプレッサホイール
タービンハウジング
吸入空気入口
バックプレート
排気ガス出口
タービンホイール
排気バイパス通路
排気ガス入口

（a）外観 　　　　　　　　　　　（b）内部構造

図4·16 過給機

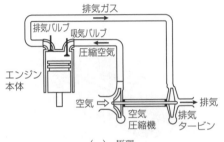

排気ガス
排気バルブ
吸気バルブ
圧縮空気
エンジン本体
空気
排気
空気圧縮機
排気タービン

（a）原理

（b）タービンホイール（左）とコンプレッサホイール（右）

図4·17 ターボチャージャ

または単に**ターボ**（turbo）と呼ばれている．

図4·17(a)にターボチャージャの原理を示すが，この方法を用いると，エンジンの出力は20～30%増加できるので，多く採用されている．また，図(b)は，この過給機に使われているタービンホイール（turbin wheel）とコンプレッサホイール（compressor wheel）である．

なお，ガソリンエンジンでは，ターボで過給すると圧縮圧力が高くなり，ノックの原因となるので，ノックの発生を検知して点火時期を適性にするノック防止装置を採用する必要があ

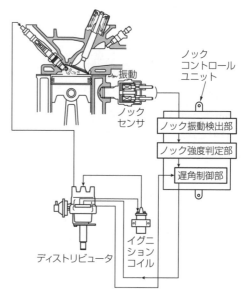

図4·18　ノック防止装置

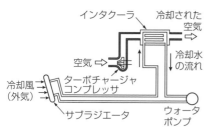

系統図

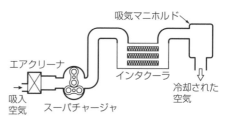

系統図

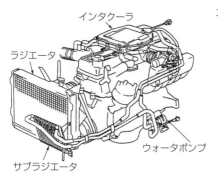

（a）水冷式

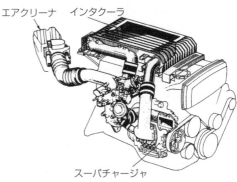

（b）空冷式

図4·19　インタクーラ

る．図 4・18 に，その一例を示す．

ノック防止装置は，ノックを感知するノックセンサ，感知したノックの強さを判定する判定部，その強さによって点火を遅らせる時間を決めるコントロール部，そして，点火を遅らせる点火遅角装置の各部から構成されている．

また，ターボで圧縮された空気は高温になるので，その空気を冷却する**インタクーラ**（inter cooler）が必要である．インタクーラには水冷式と空冷式とがあり，水冷式は，図 4・19（a）のように，エンジン本体のラジエータとは別に，サブラジエータ，ウォータポンプなどが必要であるが，速度変化や季節変化に対して安定した吸気温度が得られる．また，空冷式は，図（b）のように，走行時の通風によって圧縮空気を冷却するので，水冷式に比較して付属装置は少ないが，インタクーラは大きめになる．

4・6 ディーゼルエンジンの燃料噴射装置

ディーゼルエンジンは，空気を吸入して圧縮し，その中に燃料を直接噴射して燃焼を行なわせる圧縮点火式エンジンであるということは 2 章で述べた．ここでは，ディーゼルエンジンの燃料噴射装置および燃焼室の形状について説明する．

燃料噴射装置は，ディーゼルエンジンの最も重要な装置で，その中でもとくに大切なものは，燃料噴射ポンプと燃料噴射ノズルである．なお，コモンレール式燃料噴射システムについては 2 章のクリーンエンジンで述べている．

以下に，燃焼室と燃料噴射装置を中心に説明する．

1. 燃焼室

ディーゼルエンジンでは，噴射された燃料が空気とよく混合するように，燃焼室の形状が工夫されている．そのおもなものは次の 4 種類である（図 4・20 参照）．

（1） **直接噴射式**（direct injection type） 燃料を直接噴射ノズルからシリンダ内に噴射する形式で，ピストン頭部の形で渦流を起こさせ，空気との混合をよくしている．この形式は，構造が簡単で，熱効率が高く，始動も容易であるが，高い噴射圧を必要とする．

（2） **予燃焼室式**（pre-combustion chamber type） 主燃焼室とは別に**予燃焼室**をも

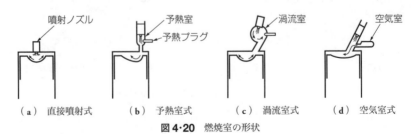

（a） 直接噴射式　　（b） 予熱室式　　（c） 渦流室式　　（d） 空気室式

図 4・20 燃焼室の形状

ち，燃料は予燃焼室に噴射されて燃焼を始め，このガスを主燃焼室に噴出させて空気と混合させ，燃焼を続ける形式である．燃料をあまり選ばず，噴射圧も低くてよいが，始動が困難で，予熱プラグをもつ必要がある．また，冷却損失がほかの形式に比べて大きい．

（3）**渦流室式**（whirl chamber type）　燃焼室のほかに**渦流室**をもち，圧縮行程での空気の流れを利用して渦流をつくり，その中に燃料を噴射する形式である．渦流による空気との混合が最もよく，自動車用ディーゼルエンジンの多くはこの形式を採用している．渦流室容積は全燃焼室容積の 50 〜 70％ くらいである．

（4）**空気室式**（air cell type）　燃焼室のほかに**空気室**をもち，圧縮行程中に一部の空気を空気室に圧入し，燃料噴射後，逆に噴出する空気で渦流をつくりながら燃焼させる形式で，燃料を選ばず，始動も容易であるが，燃焼が遅れるため熱効率が悪い．

2. 予熱装置

ディーゼルエンジンでは，寒冷時などで始動を容易にするため，シリンダ内の空気を暖める**予熱装置**（pre-heating system）をもっている．この装置には，予燃焼室式および渦流室式のディーゼルエンジンに採用されている**グロープラグ**（glow plug）**方式**と，直接噴射式のディーゼルエンジンに用いられている**インテークヒータ**（intake heater）**方式**とがある．

グロープラグ方式は，バッテリを電源として発熱するグロープラグによって燃焼室内の圧縮空気を暖める装置で，図 **4·21** のように取り付けられている．エンジンの始動スイッチを予熱の位置にセットすると，グロープラグが赤熱状態になる．また，インテークヒータ方式は，吸気管内の空気を直接暖める装置で，始動スイッチを操作すると吸気管内の電気ヒータが作動し，吸入空気を暖める．

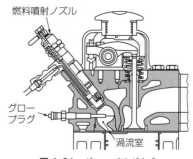

燃料噴射ノズル

グロープラグ

渦流室

図 4·21　グロープラグ方式

3. 燃料噴射装置

ディーゼルエンジンの燃料噴射方式には，燃料のみに高圧をかけて噴射させる**無気噴射式**と，圧縮空気を用いて噴射させる**空気噴射式**とがあるが，自動車用のディーゼルエンジンには無気噴射式が用いられている．

図 **4·22** は，ディーゼルエンジンの燃料噴射装置を示したもので，燃料タンク，燃料フィードポンプ，燃料フィルタ，燃料噴射ポンプ，燃料噴射ノズルなどの主要部分からなっている．

図に示すように，燃料は，燃料フィードポンプによって燃料タンクから吸い上げられ，燃料フィルタへ送られる．燃料フィルタで燃料中のごみ，水分などをろ過し，燃料噴射ポ

ンプに送られる．燃料噴射ポンプは燃料に高圧を加えて燃料噴射ノズルへ送り込み，シリンダ内に燃料が噴射される．

（1）　燃料噴射ポンプ（fuel injection pump）　エンジンの側面に取り付けられ，燃料に高圧を加えて燃料噴射ノズルへ送るもので，エンジンの回転に応じて燃料の噴射量および噴射時期を自動的に調節できる．図 **4・23** は燃料噴射ポンプの外観と部分構造を示したものである．

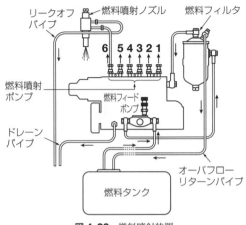

図4・22　燃料噴射装置

　燃料噴射ポンプ本体の両側には，後述するガバナやタイマなどの補助機器がついている．

　燃料噴射ポンプは，図（**b**）のように，シリンダ数に相当するプランジャをもち，クランクシャフトに連動したカムシャフトの回転によってプランジャが押し上げられ，燃料が圧送される．

（ⅰ）　プランジャの作用　プランジャ（plunger）は，図 **4・24** のような形状をしており，**プランジャバレル**（plunger barrel）内を往復して**デリバリバルブ**（delivery valve）を通し，燃料を吐出する．また，1回に噴射させる燃料の量を加減するために，プランジャには，図 **4・24** のような縦溝と斜めの切欠きがあり，さらに，プランジャバレルには，

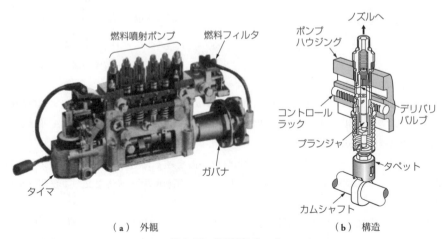

（**a**）　外観

（**b**）　構造

図4・23　燃料噴射ポンプ

吸入ポートおよび逃がし穴があけられている.

　プランジャの動作は，カムの回転によってプランジャが上昇し，その頂部がバレルの吸入ポートをふさいだときから燃料の圧送が行なわれ，さらに上昇して斜めの切欠き部がバレルの逃がし穴に出合うと，燃料は，縦溝 → 切欠き部 → 逃がし穴の順に逃げるので，圧送は停止する．この切欠きが，図のように斜めになっているので，プランジャを回すと有効行程が変わり，噴射終わりの時期を変えて噴射量が調節される．なお，図4·25(a)は噴射始め，図(b)は噴射終わり，図(c)は燃料戻りの各状態を示した

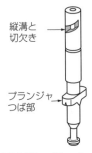

図4·24　プランジャ

 もので，図(d)のようにプランジャが回転することによって有効行程が変わり，噴射量が調節できる.

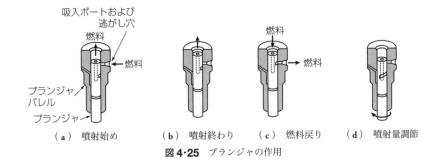

（a）噴射始め　　（b）噴射終わり　　（c）燃料戻り　　（d）噴射量調節

図4·25　プランジャの作用

　図4·26は，プランジャの回転機構を示したものである．図のように，コントロールラック（control rack）を左右に動かせば，ピニオン（pinion）およびコントロールスリーブ（control sleeve）が回転し，同時にプランジャも下端のつば部によって回転する.

　（ii）**ガバナ**　上述のコントロールラックは，少し動いてもエンジンの出力はかなり変動し，とくに低速回転の場合は噴射量が少量であるから，ラックのごくわずかな動きがエンジンの回転に敏感に影響する．し

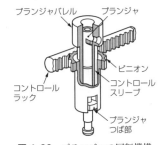

図4·26　プランジャの回転機構

たがって，安定した運転を行なわせるためには，**ガバナ**（governor：調速機）を用いて，自動的にこれを調整する.

　ガバナには，吸入時の負圧を利用した**ニューマチックガバナ**（pneumatic governor）や，フライウエイト（fly weight：おもり）の遠心力を利用した**メカニカルガバナ**

（mechanical governor）などがある．ここでは，自動車用に多く採用されているメカニカルガバナについて説明する．図**4・27**はメカニカルガバナの構造を示したものである．

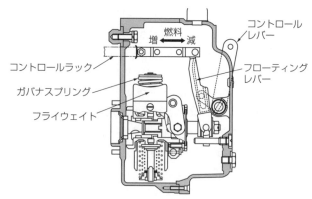

図4・27 メカニカルガバナ

メカニカルガバナの作用は，図**4・28**のように，2個のフライウエイトは燃料噴射ポンプのカムシャフトに取り付けられている．エンジンが停止しているとき，コントロールラックは燃料噴射量の最小の位置にある．いま，エンジンの回転数が最高回転数を超えて上昇すると，フライウエイトは外側に広がり，コントロールラックが燃料減少方向に移動して燃料噴射量が

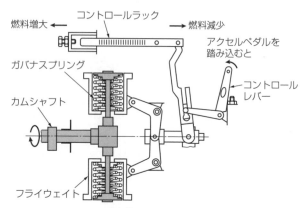

図4・28 ガバナの作用

減少し，エンジンの回転数を下げる．

アクセルペダルを踏み込むと，コントロールレバーが図の方向に回転してコントロールラックを燃料増大方向に移動し，燃料噴射量が増え，エンジンの回転数を上げる．

（iii）**タイマ**　運転中，回転速度に応じた最適の時期に燃料を噴射させるために，ポンプのカムシャフトに**タイマ**（timer：噴射時期調節機）を取り付け，カムシャフトの角度を変えることで噴射時期の調節を自動的に行なっている．

自動車用の**オートマチックタイマ**（automatic timer）は，図**4・29**のように，二つのタイマウエイト（timer weight）が発生する遠心力と，これ

図4・29 オートマチックタイマ

を抑えるタイマスプリング（timer spring）とでカムシャフトの進角を調節し，燃料の圧送開始の時期を制御している．

（2）**電子制御式燃料噴射ポンプ**（electronical fuel injection pump） 前述した機械的制御に代わってコンピュータユニット（ECU）を用い，燃料噴射時期の調節や燃料噴射量の調整などを電子制御で行う方式である（図**2·32**，**4·4**節参照）．

（3）**燃料噴射パイプ** 燃料噴射ポンプから燃料噴射バルブに圧送される燃料は，非常に高圧なので，それに耐えられるように，外径が内径の3倍以上である高圧パイプが用いられる．この高圧パイプを**燃料噴射パイプ**（fuel injection pipe）という．

（4）**燃料噴射バルブ**（fuel injection valve） シリンダ頭部に取り付けられ，燃料噴射ポンプから圧送されてきた燃料をシリンダ内へ噴射させるもので，その構造は，図**4·30**のようになっており，送られてきた燃料がノズル内に入り，その圧力が一定の高さになると，ニードルバルブを押しているスプリング力に打ち勝って，ニードルバルブを押し上げ，ノズルから燃料を噴射し，圧力が降下するとニードルバルブが下がってノズルを閉じ，噴射が終わる．

なお，ノズルの種類には，図**4·31**のように，単孔形，多孔形，ピントル形，スロットル形などがある．

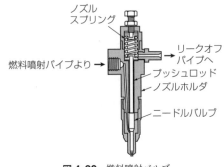

図**4·30** 燃料噴射バルブ

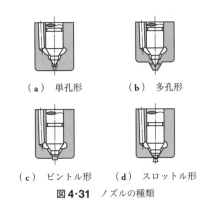

（a）単孔形　　（b）多孔形

（c）ピントル形　（d）スロットル形

図**4·31** ノズルの種類

4. 過給

ディーゼルエンジンでも，ガソリンエンジン同様，出力を向上させる手段として過給を行なう．過給は，ガソリンエンジンでは，ノックや過早点火などの原因となるので，ノック防止装置と併用するが，ディーゼルエンジンでは，圧縮圧力が高くなって逆にノックを防止するので，出力向上の方法として広く採用されている．

過給の方法は，ガソリンエンジンと同様に，排気ガスを利用してタービンを駆動し，これによって空気圧縮機を作動し，シリンダ内への吸入空気量を増大させる排気タービン駆

表 4·3 過給エンジンと無過給エンジンの性能の比較

項目	過給エンジン	無過給エンジン
種類	直列 6 気筒 OHV	直列 6 気筒 OHV
燃焼室形状	直接噴射式	直接噴射式
総排気量 [cc]	6494	6494
圧縮比	16.5	17.0
最大出力 [kW/rpm]	147/2800	132/3000
最大トルク [N・m/rpm]	666/1700	460/1800

動式過給機，いわゆる**排気ターボチャージャ**が用いられている．

　表 4·3 は，過給エンジン（supercharged engine）と，無過給エンジン（non-supercharged engine）の性能を比較したものである．

5

冷却装置

5·1 冷却装置の目的と種類

1. 冷却装置の目的

　エンジンは運転中，シリンダ内ではガスの燃焼が行なわれ，燃焼ガスの温度は2000℃にも達し，エンジンは**過熱状態**（overheat）となり，シリンダに変形が生じたり，潤滑が不良となり，ついにはピストンがシリンダに焼きついてしまう．また，冷却しすぎると，ガソリンの気化が不充分となり，燃焼状態が悪くなる．この状態を**過冷却**（over cool）という．したがって，エンジンは冷却して，運転に最も都合のよい温度に保つ装置が必要となる．このような装置を**冷却装置**（cooling system）という．

2. 冷却装置の種類

　自動車に用いられているエンジンの冷却装置には，空冷式と水冷式との2種類がある．

　（1）**空冷式**（air cooling）　シリンダの周囲に図5·1のような**クーリングフィン**（cooling fin）を設け，これに空気を当てて冷却する方式で，自然空冷式（natural draft type）と強制空冷式（forced draft type）とがあり，二輪車や小型自動車に用いられている．

　強制空冷式は，クランクシャフトの一端に冷却ファンを取り付け，シリンダのクー

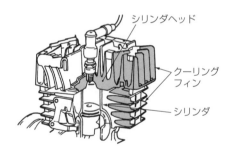

図5·1 空冷式冷却装置（自然空冷式）

リングフィンに強制的に空気を吹きつけて冷却する方式である．この方式は，水冷式に比べて構造が簡単で，重さの軽減はできるが，温度制御がむずかしく，騒音も大きい．

　（2）**水冷式**（water cooling）　シリンダの外周に**ウォータジャケット**（water jacket）を，エンジン前面に**ラジエータ**（radiator：放熱器）を取り付け，水を循環させてエンジンを冷却する方式で，冷却水の温度による対流作用を利用した**自然循環式**（natural circulation type）と，ウォータポンプを使用して冷却水を強制的に循環させる**強制循環式**（forced circulation type）とがあるが，水冷式自動車用エンジンは，強制循環式を採用し

ている.

　水冷式強制循環冷却装置は，図5·2のような構造をして，その作用は，ウォータジャケット内の熱せられた冷却水を，**ウォータポンプ**（water pump）によってラジエータ上部へ送り，冷却水をウォータパイプに通して放熱し，再びウォータジャケットに送ってエンジンを冷却する.

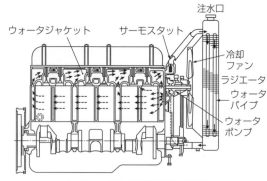

図5·2 水冷式強制循環冷却装置

　このように強制循環式は，ウォータポンプを使用して水を圧送するために作用が確実で，エンジン各部を平均して冷却することができるので，自動車用ガソリンエンジンに用いられている.

5·2 冷却装置各部の構造

1. ウォータジャケット

　ウォータジャケットは，シリンダの周囲につくられた空洞で，シリンダと一体に鋳造されている. これに冷却水を通し，循環してエンジンの冷却を行なう.

2. ラジエータ

　ラジエータは，エンジンの前面に取り付けられた格子状の水槽で，図5·3のように，アッパタンク（upper tank），ラジエータコア（radiator core），ロアタンク（lower tank），および水の出入口からなり，エンジンで熱せられた水が放熱をする部分である.

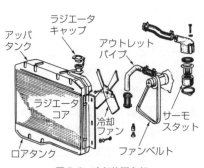

図5·3 冷却装置各部

（a） プレートフィン式コア

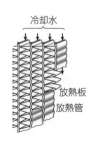

（b） コルゲートフィン式コア

図5·4 ラジエータコア

ラジエータコアは，空気との接触面積を増やすために種々の形状のものがあるが，図5·4のように，扁平の放熱管（heat tube）を縦に多数並べ，これに水平の放熱板（heat sink）と組み合わせたものを**プレートフィン**（plate fin）**式コア**と，波状の放熱板と放熱管を重ね合わせた**コルゲートフィン**（corrugate fin）**式コア**がある．

両方とも冷却水はウォータパイプ（water pipe）を通る間に流入空気によって冷やされて放熱するが，軽くて放熱性のよいコルゲートフィン式コアが多く用いられている．

3. 冷却ファン

冷却ファン（cooling fan）は，冷却用の空気を吸い込み，ラジエータを通して冷却水を冷やしながら，エンジン全体にも空気を当てて冷却している．冷却ファンは鋼製や合成樹脂でつくられた 4 〜 8 枚のブレード（blade：羽根）からなっている．ブレードのピッチが不均等になる奇数枚の不等ピッチファンは，回転騒音を低減できるので多く使われている．図 5·5 に 7 枚羽の冷却ファンを示す．

図 **5·5** 冷却ファン

冷却ファンを駆動する方式には，クランクシャフトで駆動される**ファンベルト**（fan belt）によるベルト駆動式と電動式とがある．

（1） ベルト駆動式 ファンベルトは冷却ファンを駆動するもので，潤滑の必要のない合成ゴムにテトロンなどのロープ材を組み入れ，カバー布で被膜した材料でつくられた **V ベルト**（V belt）が用いられる．V ベルトは V 形断面をしており，騒音が少ない特徴をもっている．

ファンベルトが緩むと回転が不調になり，冷却効果の低減につながるし，張りすぎると V ベルトやベアリングが損傷するので，適度な調節が必要である．

（2） 電動式 電動式は冷却ファンをモータで駆動する方式で，冷却水の温度に応じてコンピュータ制御で冷却ファンの回転数を調整でき，水温が高いときは冷却ファンを回転し，低温時には冷却ファンを停止させている．図 5·6 に電動冷却ファンの一例を示す．

4. ウォータポンプ

ウォータポンプ（water pump）は，図 5·7 のように，ファンシャフトに取り付けられ，冷却ファンとともに回転して冷却水を強制的に循環させる役目をする．図に示すような**渦巻きポンプ**（volute pump）が最も多く用いられ，**インペラ**（impeller）

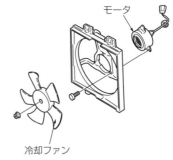

図 **5·6** 電動冷却ファン

を回転させ，遠心力で水を外周に押し出す．この
ため，**遠心ポンプ**（centrifugal pump）とも呼ば
れる．冷却ファンとともにVベルトで駆動され
ている．

5. サーモスタット

サーモスタット（thermostat）は，エンジン
のウォータジャケットとラジエータを連結する
ウォータパイプ内に取り付けられ（図5·2参照），
冷却水の温度によってその通路を自動的に開閉
し，冷却水の温度を適当に保つ作用をする．一般
に用いられているのは図5·8に示す**ワックスペ
レット形**（wax-pellet type）のサーモスタット
で，その作動は次のとおりである．

エンジンの運転中，冷却水の温度が高くなる
と，ペレット内の固体ワックスが液体となって膨
張し，ゴムを圧縮するので，シャフトが押し上げ
られてバルブを開き，冷却水が通過する．また，
冷却水の温度が下がると，ワックスは固体化し，
ゴムが元の状態に戻るので，ペレットはバルブが
閉じ，冷却水は流れなくなる．

6. ラジエータキャップおよびリザーバタンク

図5·9のように，ラジエータには**ラジエータ
キャップ**（radiator cap）と呼ばれる加圧冷却装
置や**リザーバタンク**（reservoir tank）
が取り付けられている．図中のサブ冷
却ファンは冷却効率を高めるために取
り付けられることがある．

ラジエータキャップは，ラジエータ
内部と外気とを遮断し，温度差を大き
くして冷却効果を高めるために水温を
100℃以上にする装置で，図5·10の
ように，加圧バルブおよび負圧バルブ
を備え，冷却系統を密閉して冷却水の
沸騰点を上げる方法がとられている．

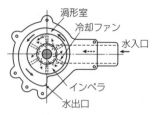

図5·7 ウォータポンプ

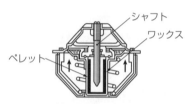

サーモスタット：閉

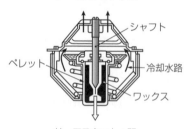

サーモスタット：開

図5·8 サーモスタット

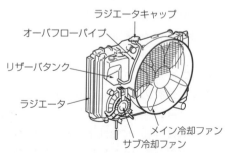

図5·9 ラジエータに取り付けられたラジエータ
キャップとリザーバタンク

ラジエータキャップの作用は，冷却水の温度が平常で，水蒸気の圧力が約 130 kPa になるまでは加圧バルブ，負圧バルブとも閉じて，冷却系統に圧力を与え，水の沸騰点が上がって，気泡が発生しないように冷却効率を増し，エンジンの過熱を防いでいる．また，エンジンが暖まって圧力がそれ以上になると，水蒸気は加圧バルブを押し開いて

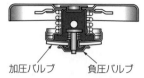

加圧バルブ　　　　負圧バルブ

図5·10 ラジエータキャップ

オーバフローパイプ（overflow pipe）から放出され，冷却装置の損傷を防いでいる．さらに，いったん高圧になった内部の圧力が温度下降によって大気圧よりも低くなった場合には，負圧バルブが開いて外気が流れ込み，圧力を調整してタンク内に負圧が加わるのを防いでいる．

そして，図 **5·9** のように，オーバフローパイプから放出された冷却水は，リザーバタンクに蓄えられる．負圧バルブが開くと，リザーバタンク内の冷却水がラジエータに吸い戻される．

5·3 冷却水と不凍液

冷却水は 0℃以下になると凍結し，体積が増えて，エンジンやラジエータを破損するので，エチレングリコールに防食・防錆剤を加えた**ロングライフクーラント**（long life coolant：LLC）の**不凍液**（antifreezing solution）が冷却水として用いられている．

6

潤滑装置

6·1 潤滑油

1. 潤滑の目的と働き

エンジン各部の運動部分では，摩擦による損失で出力が減るだけでなく，摩耗が生じたり，高熱になってエンジンの焼付きを起こす．摩擦を減らすため，接触面を**潤滑** (lubrication) する．これは，エンジン以外の自動車各部の運動部分でも行なわれるので，本章では，自動車全体の潤滑について取り上げる．

運動部分に潤滑油を与えると，金属と金属との間には油膜ができ，金属同士が直接接しないで，金属と油膜，油膜と金属とが接し，摩擦は減少する．

図 **6·1** は回転軸とベアリングとの潤滑を示したもので，回転軸の回転につられて潤滑油がすきまに浸入し，回転軸はベアリングには接しないで，潤滑油の中に浮くようになる．しかし，回転軸には荷重がかかるので，この荷重を支えるだけの強い油膜が必要になる．油膜が弱かったり，熱のために粘度が下がって油膜が切れると，回転軸はベアリングと接して焼付きを起こす．

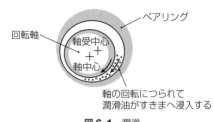

図 **6·1** 潤滑

潤滑油は，摩耗を減らす働きをするとともに，次のような働きをする．
① 摩擦を小さくして摩耗を減らす潤滑作用．
② 摩擦による熱を外部へ逃がす冷却作用．
③ 金属をくるんで外部の空気や湿気を遮断する防錆作用．
④ 油膜によって騒音の発生を防止する緩衝作用．
⑤ ガス漏れを防ぐ気密作用．
⑥ カーボン（煤）やスラッジ（油泥）などを洗い流す洗浄作用．

2. 潤滑油に必要な性質

潤滑油には，前述のような働きが要求されるので，次のような性質を備えていなければ

ならない.

① 適当な**粘度**（viscocity）があり，温度による変化が小さいこと.

② 油性がよいこと.

③ 熱伝導がよいこと.

④ 引火点が高く，気化しにくいこと.

⑤ 凝固点が低いこと.

これらの中でも，潤滑油にとって最も重要な性質は粘度である.したがって，内燃機関用の潤滑油の規格は粘度によって決められている.

3. 自動車用潤滑油の種類

自動車用の潤滑油には，エンジンオイル，ギヤオイル，グリースなどがある.

表6·1 エンジンオイルの分類（SAE J–300 D：新粘度分類より）

SAE 粘度番号	最大粘度*（cp）	適用時期
0 W 5 W 10 W 15 W	3250（−30℃） 3500（−25℃） 3500（−20℃） 3500（−15℃）	寒冷地用
20 W 25 W 20	4500（−10℃） 6000（−5℃） —	冬季用
30	—	一般用
40 50	— —	夏季用
10 W-30 20 W-40	— —	オールシーズン用

〔注〕　1.　*CCS 粘度計（ASTM D–2602）による測定.
　　　2.　W は winter の頭文字.
　　　3.　"10 W-30" とは，−20℃において 10 W の粘度であり，100℃では 30 に相当する粘度であることを示している.
　　　4.　温度表示のない番号の粘度は，100℃における値を表わすことになっている.

表6·2 エンジンオイルの分類（API より）

油類の分類		適用と性能
ガソリンエンジン用	SA, SB, SC, SD, SE, SF, SG, SH	1996 年以前のエンジン用.
	SJ	2001 年以前のエンジン用.
	SL	2004 年以前のエンジン用. SJ の最低性能基準を上回る性能を有し，高温時におけるオイルの耐久性能・洗浄性能・酸化安定性を向上し，きびしいオイルの揮発試験に合格した環境対策規格のオイル.
	SM	SL 規格よりも省燃費性能の向上，有害な排気ガスの低減，エンジンオイルの耐久性を向上させた環境対策用オイル.現在，すべてのガソリンエンジンに使用できる.
	SN	SM 規格よりも省燃費性能，オイル耐久性，触媒システム保護性能の改善が求められる.触媒システム保護性能の改善は，触媒に悪影響を与えるリンの蒸発を 20％までに抑制することが求められる.
ディーゼルエンジン用	CA, CB, CC, CD, CD−II, CE	1987 年以前のエンジン用.
	CF	1994 年に導入.オフロード車・直噴以外のエンジン，硫黄 0.5 質量％以上の燃料との併用を含むその他のディーゼルエンジン向け.CD オイルの代替オイルとして使用できる.
	CF−2	1994 年に導入.2 ストロークエンジン用オイル，CD−II オイルの代替オイルとして使用できる.
	CF−4	1990 年に導入.高速・4 ストロークエンジン・自然吸気およびターボ付きエンジン用.CD および CE オイルの代替オイルとして使用できる.

（1） **エンジンオイル**（engine oil） エンジンの潤滑に用いるオイルで，**SAE 分類**と **API 分類**が使われている．SAE 分類は，アメリカの自動車技術者協会（Society of Automobile Engineers：SAE）が規定したもので，表 **6·1** に分類を示すように，SAE ○○番と表示され，この番号の大きなものほど粘度が大きい．

夏季は 40 番，冬季は 20 番のものが使われるが，"SAE 10 W-30" と表示されるものは，**マルチグレードオイル**（multi-grade oil）と呼ばれ，オールシーズン使用可能な潤滑油である．

また，API 分類は，アメリカの石油協会（American Petroleum Institute：API）が規定したもので，表 **6·2** にその分類を示した．

（2） **ギヤオイル**（gear oil） 自動車のトランスミッションやリダクションギヤ，ディファレンシャルギヤなどに用いられるオイルで，表 **6·3** に SAE 分類を，表 **6·4** に API 分類を示す．

（3） **グリース**（grease） 液状の潤滑油は密閉されていない部分では使えないので，半固体状にしたものを使用する．この半固体状の潤滑油を**グリース**という．グリースにもいろいろな規定があるので，目的に応じ

表**6·3** ギヤオイルの分類（SAE）

SAE 粘度番号	150000 cp の粘度を示す最高温度［℃］	動粘度［cSt］100℃	
		最低	最高
75 W	− 40	4.1	—
80 W	− 26	7.0	—
85 W	− 12	11.0	—
90	—	13.5	< 24.0
140	—	24.0	< 41.0
250	—	41.0	—
75 W-90	− 40	13.5	< 24.0
80 W-90	− 26	13.5	< 24.0
85 W-90	− 12	13.5	< 24.0

表**6·4** ギヤオイルの分類（API）

分類	用途
GL-1	低荷重，低速度で運転する自動車のスパイラルベベルギヤ，ウォームギヤ，スパーギヤなど．
GL-2	GL-1 よりきびしい荷重，温度およびすべり条件で運転する自動車のスパイラルベベルギヤ，ウォームギヤ，スパーギヤなど．
GL-3	中程度の速度，荷重条件で運転する自動車のスパイラルベベルギヤ，ウォームギヤ，スパーギヤなど．
GL-4	高速低トルクあるいは低速高トルクにおける荷重条件で運転するハイボイドギヤおよびその他の自動車用ギヤなど．
GL-5	高速衝撃荷重，高速低トルクあるいは低速高トルクで運転するハイボイドギヤおよびその他の自動車用ギヤなど．
GL-6	高速高トルクで運転する，とくにオフセット量の大きいハイボイドギヤおよびその他の自動車用ギヤなど．

表**6·5** グリースのちょう度（NLGI）

NLGI 番号	ちょう度	状態
000	445 〜 475	半流動
00	400 〜 430	↓
0	355 〜 385	↓
1	310 〜 340	軟
2	265 〜 295	↓
3	220 〜 250	↓
4	175 〜 205	硬
5	130 〜 160	↓
6	085 〜 115	きわめて硬い

たものを選択する必要がある.

表 **6·5** は，JIS のグリース分類の基準に使われているアメリカのグリース協会（National Lubricating Grease Institute：NLGI）の規定したちょう（稠）度区分を示したものである. **ちょう度**（cone penetration）とは，グリースの硬さと流動性を示す指標である.

（4） **作動油**　油圧を利用した機器を作動させるために用いる油で，用途によって各種の作動油がある. ここでは，自動車に使われるおもな作動油について説明する.

① **自動変速機油**　オートマチックトランスミッションに用いられる作動油は，アメリカで用いられている SAE 規格の DEXRON Ⅱ（デクストロン Ⅱ）または M 2 C 33 E/F 規格（Type E）が日本でも採用されている.

② **ブレーキ油**　ブレーキに用いられる作動油は，ブレーキフルード（breake fluid）と呼ばれ，SAE 規格を参考にしてつくられた JIS 規格にしたがったグルコール系のものが用いられ，2～3 年ごとに交換される.

ブレーキは，信頼性が高くなければならないので，高品質のものが要求されるが，ブレーキにゴム製部品が多く用いられていることから，ゴムに膨潤性を与える鉱油系は用いられていない.

6·2 | 潤滑装置

潤滑装置（lubricating system）は，ガソリンエンジンの各運動部分へ潤滑油を送る装置のことをいう. エンジンの潤滑系統を図 **6·2** に示す.

1. 潤滑方法

潤滑方法は，エンジンでは，**圧送式**（force-feed lubrication）が用いられている. この方法は，まず，クランクケースのオイルパン（oil pan, oil sump）に溜まった潤滑油を，エンジンの回転によって駆動されるオイルポンプから，クランクシャフト，カムシャフトなどのベアリング，ロッカアームシャフトなどのバルブメカニズムの各部に圧送され，さらに，シリンダ壁面にはコンロッドやクランクピンによってオイルがはね飛ばされて潤滑される.

このように，クランクケースのオイルパンに溜めたオイルによる潤滑法の

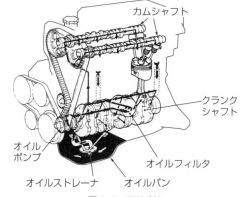

カムシャフト

クランクシャフト

オイルフィルタ

オイルポンプ

オイルストレーナ　オイルパン

図 6·2　潤滑系統

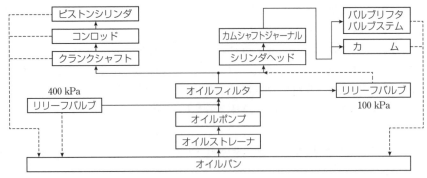

図6·3 おもな潤滑部

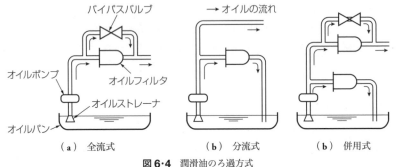

（a）全流式　　　（b）分流式　　　（b）併用式
図6·4 潤滑油のろ過方式

ことを**湿式潤滑**（wet sump lubrication）という（図**6·3**）．なお，クランクケース外に設けたオイルタンクからオイルを供給して循環させる**乾式潤滑**（dry sump lubrication）も用いられている．

2．潤滑油のろ過方式

エンジン内を循環した潤滑油は，金属片や煤などの不純物が混入しているので，オイルフィルタでろ過している．ろ過方式には，次の3通りがある．

①　**全流式**（full flow type）　図**6·4**(**a**)のように，潤滑油がすべてオイルフィルタでろ過される方式．オイルフィルタが詰まったときは，潤滑油はバイパスバルブを通過する．

②　**分流式**（bypass type）　図(**b**)のように，潤滑油の一部はオイルフィルタでろ過されてオイルパンに戻され，残りはオイルフィルタを通らず潤滑部へ送られる方式．

③　**併用式**（combination type）　図(**c**)のように，潤滑油の大部分は全流用オイルフィルタでろ過されて潤滑部へ送られ，残りは分流オイルフィルタでろ過されてオイルパンに戻される方式．

3. オイルポンプ

オイルポンプ（oil pump）はカムシャフトで駆動し，潤滑油に圧力を加え，各部に潤滑油を送る役目をしている．オイルポンプには，ギヤポンプ（gear pump）や，図6·5に示すトロコイドポンプ（trochoid pump）などがある．自動車用に採用されているのはトロコイドポンプである．

トロコイドポンプは，図6·5のように，ケース内に歯数の異なるインナロータ（inner rotor）とアウタロータ（outer rotor）が偏心して組み立てられており，インナロータが回転するとアウタロータも回転する．

歯数の違いと偏心から，インナロータとアウタロータのすきま容積が位置により異なる．このすきまの大きくなり始める位置に吸入口を，小さくなる位置に吐出し口を設ければポンプ作用が行なわれる．

（a） 外観

（b） 内部構造

図6·5 トロコイドポンプ

4. オイルプレッシャレギュレータ

オイルポンプによって圧送される潤滑油は，エンジンの回転が速くなるとポンプの回転も速くなり，油圧が必要以上に高くなって給油過多となる．そこで，油圧を一定に保つ役目をするオイルプレッシャレギュレータ（oil pressure regulator）を給油パイプに取り付けて，油圧が必要以上に高くなったとき，リリーフバルブからバイパスホールへオイルを逃がし，給油過多にならないようにしている．図6·6にその一例を示す．

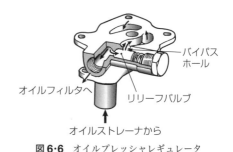

図6·6 オイルプレッシャレギュレータ

5. オイルフィルタ

潤滑油は，使用している間にごみ，金属粉，水分などが混入し，汚れて潤滑油としての性能が保てなくなる．これらの不純物を取り除くオイルフィルタ（oil filter）を取り付ける．

図6·7にオイルフィルタの構造を示すが，オイルフィルタは不純物を内部に

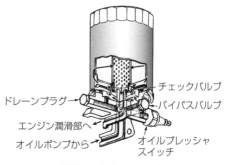

図6·7 オイルフィルタ

蓄え，ろ過能力が落ちるので，ろ過能力が悪くなったら交換する必要がある．

なお，オイルフィルタに用いられるエレメント（element）にはろ紙，綿糸，金網などが用いられている．また，オイルポンプは，オイルパンに溜まっているオイルを吸い上げるため，金属粉などが混入しているので，こし網式の**オイルストレーナ**（oil strainer）を取り付け，オイルをろ過する．

6. その他の機器

（1） **オイルレベルゲージ**（oil level gauge）　オイルパン内の油量を測るゲージで，図 **6·8** のような棒状をしており，クランクケースに差し込んである．このゲージは，簡単に油量を測ることができ，汚れもわかるので，多く採用されている．

図 **6·8**　オイルレベルゲージ

（2） **オイルプレッシャゲージ**（oil pressure gauge）

油圧を知るために計器板に取り付けられているが，警告ランプ式（warning lamp）も多くなってきている．

（3） **オイルクーラ**（oil cooler）　潤滑油は，油温が上昇すると粘度が低下し，油性を失うので，潤滑油温度を適正に保つため，オイルクーラを取り付けているエンジンがある．

オイルクーラには，エンジンの冷却水を利用して油温を下げる水冷式と，外気を当てて油温を下げる空冷式がある．

7

吸気・排気装置

7·1 | 吸気装置

　吸気装置（intake system）は，図 **7·1**（**a**）のように，空気中のごみなどを取り除く**エアクリーナ**（air cleaner：空気清浄器）と，混合気をシリンダに配分する**吸気マニホルド**（intake manifold）などで構成されている．

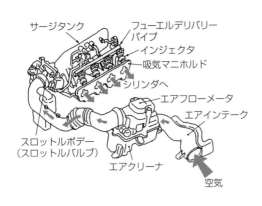

（**a**）　吸気装置の構造

（**b**）　吸気マニホルド

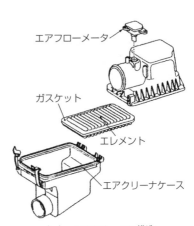

（**c**）　エアクリーナの構造

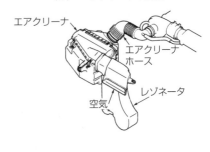

（**d**）　エアクリーナとレゾネータ

図 7·1　吸気装置

　吸気マニホルドは，図（**b**）のように，キャブレータでつくられた混合気を各シリンダに導くために，シリンダ数に応じて先端が分けられているアルミニウム合金製や鋳鉄製の多岐筒状のパイプで，内面は混合気の流れをよくするために，なめらかにつくられている．

　エアクリーナは，キャブレータの入口に取り付けられ，吸入する空気中のごみなどを除去するとともに，空気を吸入するときの騒音を低下させる役目をしており，その構造は，図（**c**）のようになっている．

　図（**a**）中の**サージタンク**（surge tank）は，スロットルバルブと吸気マニホルドの間にあって，一時的に空気を溜めておき，空気の流れを整えたり，空気密度を増して吸入効果を高めるなどの働きをしている．

　また，吸気マニホルドの各パイプに空気を均等に分配して吸気干渉を防いでいる．しかし，吸入空気と燃料の混合気が燃焼室内へ送られる間に，燃焼室内で流れを停止した混合気とぶつかり合って，そこでも吸気干渉が起こるので，サージタンクのコントロールバルブの開閉で空気経路を切り替える可変吸気システムを採用している．

　なお，図（**c**）中に示すエレメントは，ろ紙または合成繊維の不織布でできており，乾式と湿式とがある．乾式エレメントは，再使用は可能であるが，湿式エレメントは，特殊なオイルをしみ込ませてごみの吸着力を高めているので，再使用はできない．

　また，図（**d**）のように，**レゾネータ**（rezonator）と組み合わせ，吸入空気音の低減を図ったエアクリーナもある．図（**c**）に示すエアクリーナ上部に取り付けられている**エアフローメータ**（air flow meter）は，空気吸入量を計測する装置である．

7·2 ｜ 排気装置

　排気装置（exhaustsystem）は，シリンダ内で燃焼した排気ガスを外部へ排出する装置で，その主要部は，図 **7·2** のように，**排気マニホルド**（exhaust manifold），**排気パイプ**（exhaust pipe），**マフラ**（muffler，silencer：消音器）からなっている．

1. 排気マニホルド

　排気マニホルドは，各シリンダから排出される排気ガスを1本にまとめて排気パイプに送る多岐筒状のパイプで，シリンダブロックの側面に取り付けられる．排気マニホルドは鋳鉄製やステンレス製でつくられている．

　排気マニホルドの集合部で排気ガスがぶつかり，相互に干渉しやすく，排気がスムーズに行われないのを防ぐために，図**7·2**の4気筒エンジンの場合，排気パイプを1番と4番，2番と3番で，4本から2本にまとめた後，1本の排気パイプにまとめて排気干渉をなくし，排気慣性効果により排気効率を上げる工夫をしている．

2. 排気パイプ

排気パイプは，図7·2のように，排気マニホルドから送られてきた排気ガスをマフラを通じて外部へ排出するパイプで，排気マニホルドから触媒コンバータへ導くフロントパイプ，触媒コンバータとプリマフラをつなぐセンタパイプ，プリマフラとマフラをつなぐテールパイプからなる．

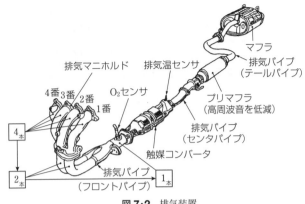

図7·2 排気装置

3. マフラ

マフラは，排気パイプに取り付けられ，排気音を低下させる役目をしている．エンジンから排出される排気ガスは，300〜500 kPaの圧力があり，その温度も600〜800℃の高温であり，このような高圧・高温の排気ガスをそのまま大気中に放出すると，ガスが急激に膨張して，猛烈な爆音を立てる．このため，排気ガスを排出する前にマフラを通し，圧力と温度を下げて音を低下させ，大気中に静かに放出させる．

なお，マフラは，図7·3のような構造で，その内部は数室に区切られ，排気ガスは障壁を通り抜けるたびに各室で膨張し，その温度と圧力を徐々に下げて消音されていく．

図7·3 マフラの構造

消音方式には膨張式のほかに，吸音材で消音する吸音式，マフラ内の空間で音を反射させ，次の音で打ち消し消音する共鳴式などがある．

しかし，消音効果を上げるため排気ガスにあまり大きな抵抗を与えると，排気行程にかかる抵抗，つまり**背圧**（back pressure）が大きくなり，エンジンの出力の低下につながるので，消音の程度には注意する必要がある．

図7·2中の**プリマフラ**（pre-muffler）は排気による騒音（とくに高周波音）を大まかに低減する役目を果たし，マフラの消音効果をより高めている．

4. 触媒コンバータ

排気パイプの途中に取り付けられている触媒コンバータは，排気ガス中に含まれる有害物質を低減する機能をもつ（2章2·9節参照）．

8

電気装置

　自動車の電気装置には，バッテリ，点火装置，始動装置，充電装置，点灯装置，計器などの装置がある．本章ではエンジンに関係のある充電装置までを取り扱い，そのほかは13章にゆずる．

8·1 ┃ バッテリ

1. 電池の種類

　電池には一次電池と二次電池の2種類がある．**一次電池**は，乾電池のように化学作用によって電気を発生するもので，**二次電池**は，電流がもっている電気的エネルギーを化学的エネルギーに変えて電池に蓄えておき，必要なときに電池から取り出せるようにしたもので，**バッテリ**（battery：蓄電池）は二次電池である．

2. バッテリの構造および作用

　図**8·1**は自動車用バッテリの構造であり，次のような主要部からなっている．

　① **陽極板**（positive plate）　アンチモンなどの合金製の格子の間に二酸化鉛（PbO_2）を張りつけてある．これを，図（**d**）のように，上部で数枚を連結している．

　② **陰極板**（negative plate）　陽極と同じ格子の間に鉛（Pb）を張りつけてある．

　③ **セパレータ**（separator）　両極板のショートを防ぐための隔離板．

　④ **ガラスマット**（glass mat）　陽極板の脱落を防ぐガラス繊維の板．

　⑤ **電槽**（electrolytic cell）　極板，セパレータ，電解液を入れる合成樹脂製の容器．

　⑥ **電解液**（electrolyte）　希硫酸（H_2SO_4）

　⑦ **極板群**（element）　陽極板と陰極板とを交互に組み合わせ，セパレータをその間に入れたひとかたまりをいう．これを**セル**（cell）といい，2 Vの電圧をもつ．自動車用のバッテリは12 Vのものが用いられているから，6セルでできている．

　自己放電が少なく，補水を必要としない**メンテナンスフリーバッテリ**（maintenance free battery：MFバッテリ）が自動車に使用されている．図**8·1**（**b**）に完全密閉形のMFバッテリの一例を示す．

　なお，バッテリに電流を送り込むことを**充電**（charge）といい，電流を取り出すことを**放電**（discharge）というが，このとき，内部の電解液と電極の間には，図**8·2**のような

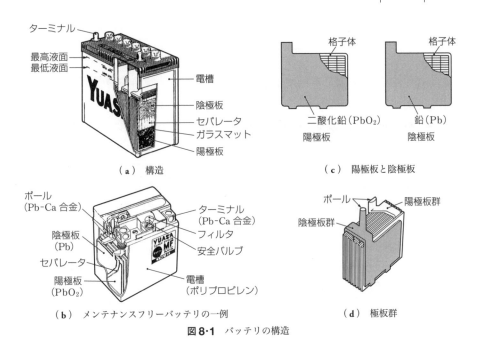

図 8·1　バッテリの構造

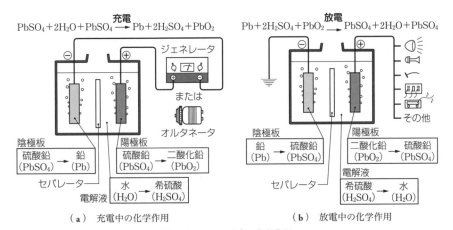

図 8·2　バッテリ内の化学作用

化学作用が起きている.

3. バッテリの充放電

　図 8·2 のように，放電ではマイナス・プラス極に $PbSO_4$ ができ，H_2SO_4 が H_2O に変化し，電解液の比重が下がる．充電ではマイナス極に Pb が，プラス極に PbO_2 が増え，H_2SO_4

の比重が上がり，起電力が増加する．

このように，バッテリ内の電解液は充電によって希硫酸を増して濃くなり，放電によって希硫酸が減って薄くなる．したがって，充電が進むと電解液の比重は大きくなり，放電が進むと比重は小さくなるから，電解液の比重を測定すれば，充放電の状態を調べることができる．

表8・1 比重値と充電状態の関係

電解液比重（20℃）	充電状態
1.280	100%
1.230	70%
1.180	50%
1.130	25%
1.080	全放電

表8・1は，充電状態と電解液比重（20℃）との関係を示したものである．ただし，比重は温度によって変化するので，同表は，20℃のときの比重を示している．したがって，20℃以外の温度のときは，次式によって20℃のときの比重に換算する．

$$20℃のときの比重＝測定した比重＋0.0007 \times （電解液温度－20℃）$$

バッテリを使用して放電させると，端子電圧はしだいに降下する．放電能力がなくなったときの電圧を**放電終止電圧**といい，1.75 V とされている．このときの放電状態を**全放電**といい，これをこえて放電することを**過放電**といって，バッテリは活動性を失う．

したがって，バッテリは定期的に電解液の比重を測って放電状態を調べ，比重が1.220以下になれば充電を行なう．充電には一定の電流で行なう**定電圧充電法**（普通充電ともいう）と，大きな電流を流し，短時間に行なう**急速充電法**（quick charge）とがある．

4. バッテリの容量の表わし方

バッテリを充電してから放電し，放電終止電圧に降下するまでに取り出された電気量を**バッテリの容量**という．単位はアンペアアワー［Ah］で表わす．たとえば，20 A の放電をしたら5時間で全放電となったとき，そのバッテリの容量は

$$20 \times 5 = 100 ［Ah］$$

となる．ところが，バッテリの性質として，なるべく小さな放電電流で使用したほうが長持ちする．上式で示した 100 Ah のバッテリを 100 A の放電電流で使用すると，1時間使えるようであるが，実際には使えない．

そこで，容量を表わすのには，放電時間を一定にして容量を測る方法が行なわれる．これを**時間率容量**といい，5時間率が用いられる．6 V 5時間率 100 Ah のバッテリでは，5時間で放電終止電圧になるように放電させると，6 V の電圧で 20 A の電流を取り出すことができる．

8・2 | 点火装置

1. 点火装置の働きと主要部

ガソリンエンジンでは，シリンダ内の混合気に点火プラグでスパーク（spark）を飛ば

し，燃焼させる装置を**点火装置**（igniton system）という．点火は**高圧電気点火法**が用いられる．高圧電気点火法には**バッテリ点火法**（battery ignition system）と**マグネット点火法**（magneto ignition system）とがあるが，自動車用にはバッテリ点火法が用いられる．この点火法は，バッテリからの低圧電流を電磁誘導作用によって高圧電流にし，燃焼室に取り付けられた点火プラグに送ってスパークを飛ばし，点火する方法である．

　図**8·3**はバッテリ式点火装置の主要部を示したもので，バッテリ，点火コイル，ディストリビュータ，点火プラグからなっている．

　また，図**8·4**にその回路図を示すが，低圧電流が流れる側を**一次回路**，高圧電流が流れる側を**二次回路**と呼ぶ．

　以下に，おもな部分の働きについて説明する．

（**1**）　**点火コイル**（ignition coil）　電磁誘導作用を利用してバッテリの低圧電流を1万数千ボルトの高圧電流に変える装置で，一種の変圧器である．

　図**8·5**は点火コイルの構造を示したもので，薄いけい素鋼板を何枚か重ね合わせたものをコアとし，その周囲に，太い銅線（0.8 mmくらいの太さ）を100〜500回巻いた一次コイルと，細い銅線（0.08 mmくらいの太さ）を13000〜45000回巻いた二次コイルの2種類の絶縁銅線を巻きつける．発生する電圧は二つのコイルの巻き数の比に比例して大きくなる．

　一次コイルにバッテリからの低圧電流を流すと，コアは磁化し，磁界ができる．ディストリビュータの断続部のコン

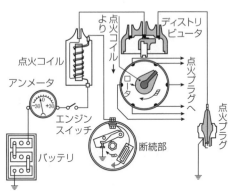

図8·3　バッテリ式点火装置

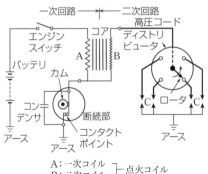

A：一次コイル ┐
B：二次コイル ┤点火コイル
C：点火プラグ ┘

図8·4　バッテリ式点火方式の回路図

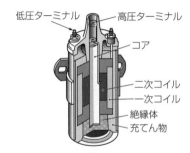

図8·5　点火コイルの構造

タクトポイントの開閉により一次電流の断絶を行なうと磁界が変化し，自己誘導作用が起こり，一次コイルに 300 〜 400 V の電圧が発生する．一次コイルの電圧の発生により，二次コイルにも相互誘導作用が起こり，15000 〜 30000 V の高電圧が誘起される．

（**2**）　**ディストリビュータ**（distributor）　図 **8·6** のように配電部と断続部，進角部などからできている．下部の**断続部のコンタクトブレーカ**（contact breaker）は，ブレーカカムが回転し，ブレーカアームの先端のヒールによって**コンタクトポイント**（contact point）を押し開き，点火コイルの一次電流を遮断する．

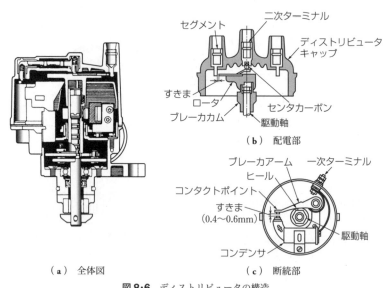

（**a**）　全体図　　（**b**）　配電部　　（**c**）　断続部

図 8·6　ディストリビュータの構造

　コンデンサ（condenser）は，一次電流が遮断された瞬間に一次回路に誘発される自己誘導電流を蓄え，遮断をすばやく行ない，二次電流を高圧にする作用を行なっている．

　上部の配電部は，点火コイルの二次コイルに誘発された高圧電流を点火プラグに分配している．キャップ内のセグメントはシリンダ数に応じており，ブレーカカムの上部にはロータが組み込まれており，カムシャフトにより駆動される駆動軸により回転している．ロータの先端とセグメントの間に 0.4 〜 0.6 mm のすきま（gap）があり，このすきまを高圧の二次電流が飛び，二次ターミナルから各点火プラグに分配している．なお，点火時期を調節する**進角部**（advance angle）もあるが，後述する点火時期とその調節装置で触れる．

2.　半導体点火装置

　前述した点火方式では，エンジンの失火や点火時期の変化など不都合を生じやすかった．これを解決したのが**半導体点火装置**であり，次に述べる方式がある．

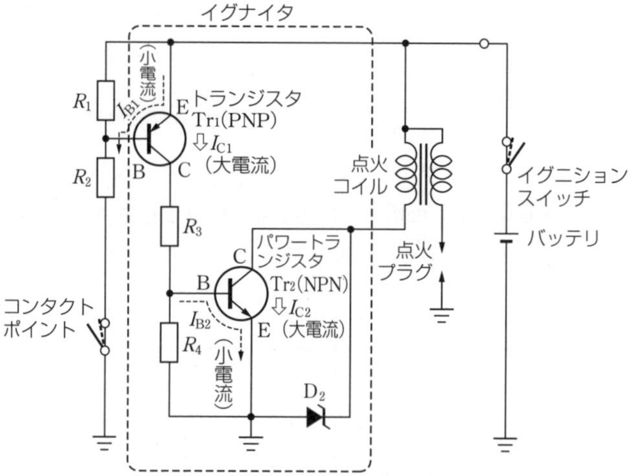

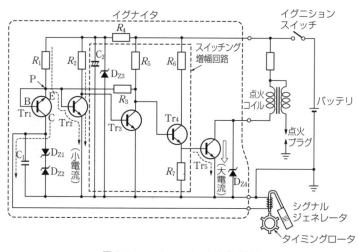

図8·7 セミトランジスタ方式回路図

（1）　**セミトランジスタ方式**（semi-transistor type）　点火コイルの一次電流の断続を
ポイントとトランジスタを組み合わせて行なう方式で，その回路を図**8·7**に示す．この
方式では，従来の点火装置に外部抵抗とトランジスタを組み込んだ**イグナイタ**（igniter：
点火装置）を取り付け，ポイントに流れる一次電流を$1/10 \sim 1/5$ A にし，ポイントの電
気的負担を小さくした．

（2）　**フルトランジスタ方式**（full-transistor type）　コンタクトポイントをなくし，シ

図8·8　フルトランジスタ方式回路図

グナルロータ（signal rotor）とピックアップコイル（pick-up coil）とをもつ**シグナルジェネレータ**（signal generator）によって断続を検知して一次電流を流す方式で，無節点式である．図**8·8**にその回路図を示す．

3. マイクロコンピュータ点火装置

マイクロコンピュータ点火装置（micro computer ignition system）は，エンジンの運転状態やエンジン各部センサからの情報で最適な点火時期と通電時間をとらえ，点火プラグに高圧電流を送るシステムである．図**8·9**にマイクロコンピュータ点火装置の回路図を示す．

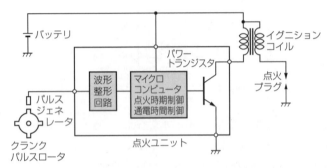

図8·9 マイクロコンピュータ点火装置

4. ダイレクト点火装置

ダイレクト点火装置（direct ignition system）は，コンピュータ制御（CPU）で配電し，点火プラグで点火を行う装置である．ディストリビュータがないことが大きな特徴である．

図**8·10**にダイレクト点火装置を示し，ディストリビュータを使った点火装置の違いを示す．ダイレクト点火装置はディストリビュータレス点火装置と呼ばれ，点火装置の主流になっている．

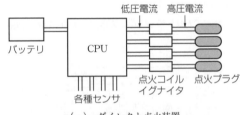

（**a**）ダイレクト点火装置

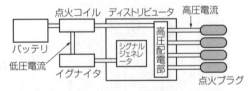

（**b**）ディストリビュータを使った点火装置

図8·10 ダイレクト点火装置の特徴

5. 点火プラグ

点火プラグ（spark plug）はシリンダに取り付け，プラグ先端の中心電極（＋）と接地電極（－）との火花すきまにスパークを発生させて混合気に点火するものである．

図 **8・11** は点火プラグを示したもので，中心電極，接地電極，絶縁部などからなっている．絶縁部はアルミナ磁気でつくられ，電極はニッケル－クロム合金でつくられている．

点火プラグの火花すきまは 0.7 ～ 0.8 mm である．火花が小さすぎるとスパークが弱く，大きすぎるとスパークが飛びにくくなり，失火するので，火花すきまは正しく調整する必要がある．

点火プラグの電極の温度は，動作状態のときは適当な温度範囲になければならない．高温すぎるとスパークが飛ぶ前に電極の熱で着火してしまい，低温すぎるとカーボンが付着し，失火してしまう．また，電極部は，ある温度以上になると，付着したカーボンを焼いて除去する自己清浄作用をもっている．したがって，点火プラグは適切な温度範囲(500 ～ 800°C)に保つことが大切である．

なお，点火プラグはエンジンによっても熱せられるので，そのエンジンに最適の点火プラグを選ぶ必要がある．点火プラグが受ける熱を発散する度合いを**熱価**（heat value）といい，その度合いが大きいものを**コールドタイプ**（cold type）といい，小さなものを**ホットタイプ**（hot type）という．図 **8・12** に示すコールドタイプは放熱がよいのでプラグ温度が上がりにくく，ホットタイプは冷えにくいのでプラグ温度が下がりにくい．

6. 点火時期とその調節装置

（**1**）**点火時期** 点火プラグにスパークを飛ばす時期のことを**点火時期**（ignition timing）といい，上死点より前のクランクシャフトの回転角で表わし，これを**点火進角**（ignition timing advance）という．

ガソリンエンジンの点火時期付近のシリンダ内の圧力変化を調べてみると，図 **8・13** のようになる．図において

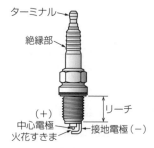

（**a**） 外観

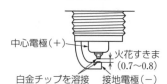

（**b**） 火花すきま

図 8・11 点火プラグの構造

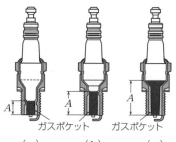

（**a**） （**b**） （**c**）
コールドタイプ 標準型 ホットタイプ

図 8・12 点火プラグの電極部の形状

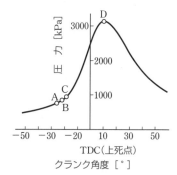

図 8・13 点火時期近くのシリンダ内の圧力変化

A点：ディストリビュータのコンタクトポイントが開き始める.

B点：コンタクトポイントが完全に開き，一次回路の電流が遮断され，点火コイルの二次側に高圧電流が誘起し始める.

C点：スパークを飛ばす電圧に達し，スパークの発生によって点火される.

C〜D点：混合気が燃焼し，最高圧力となるD点に達する.

以上からわかるように，点火時期の設定は重要で，エンジンの性能を左右する.

（**2**） **点火進角装置** 点火時期は，エンジンの回転数や負荷の変動によって変える必要がある．点火時期をエンジンの状態に応じた最適な時期に自動的に調節する装置のことを**点火進角装置**（ignition advancer）といい，遠心式，真空式が一般に採用されている.

（**i**） **遠心式自動点火進角装置** 図8・14（**a**）は，その構造と作用を示したもので，図でわかるように，シャフトを自由に回れる中空のカム〔図（**b**）〕と，これにガバナスプリングと組み合っている2個のガバナウエイトからできている．低速のときは図（**a**）の①のような状態であるが，高速になると②のように，遠心力でガバナウエイトが外側へ広がり，ガバナウエイトのピン（B）によってカムベースすなわちカムが回されるので，ポイントの開く時期が自動的に進められる.

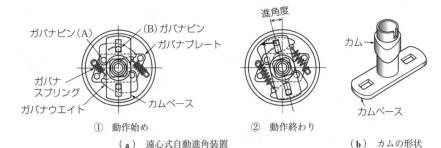

① 動作始め　　　　　② 動作終わり

（**a**） 遠心式自動進角装置　　　　　　（**b**） カムの形状

図8・14 遠心式自動点火進角装置の構造とカムの形状

（**ii**） **真空式自動点火進角装置**

エンジンの吸気マニホルドの真空度がエンジンの回転および負荷の増減によって変化するのを利用し，自動的に点火時期を変える装置で，ディストリビュータの側面に取り付けられる.

図8・15は真空式自動進角装置の構造とその作用を示したもの

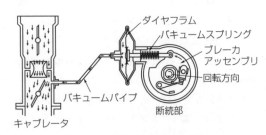

図8・15 真空式自動点火進角装置

で，バキュームパイプはキャブレータに接続されている．エンジンの回転が速くなると，キャブレータ内の真空度は高くなり，そのためにダイヤフラムは吸引され，バキュームスプリングを縮めてブレーカアッセンブリは引っ張られ，ロータの回転方向と反対方向に動き，点火時期が早くなる．また，エンジンの回転が遅くなると，キャブレータの吸引力が低下し，ダイヤフラムが元に戻ってブレーカアッセンブリは始めの位置に戻り，低速回転に適した点火時期となる．

┃ 8·3 ┃ 始動装置

1. エンジンの始動

ガソリンエンジンの始動に用いる**始動電動機**（starter motor：**スタータモータ，セルモータ**ともいう）とその付属装置のことを**始動装置**（starting system）という．

始動電動機のことを**スタータ**（starter）とも呼ぶ．スタータのピニオンは，フライホイールに取り付けられているリングギヤ（ring gear：始動大歯車）とかみ合っており，バッテリによって回転し，エンジンは始動する．エンジンが始動すると両ギヤのかみ合いはすぐに外れる．

始動装置には，電磁ピニオンシフト式（pinion shift type），慣性式（bendix type），電機子しゅう動式（armature shift type）などがある．

2. 電磁ピニオンシフト式始動装置

自動車用として広く採用されている**電磁ピニオンシフト式始動電動機**（pinion shift type starter）は，図**8·16**のように，モータ部（回転子などの部分），ピニオン，マグネットスイッチ（magnet switch），オーバランニングクラッチ（overrunning clutch）などから構成されている．

スタータスイッチをオンにすると，マグネットスイッチのホールディングコイルと

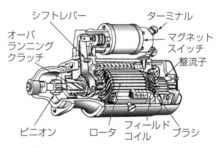

図8·16 電磁ピニオンシフト式始動電動機

ブレインコイルに流れた電流によって生じた磁界は，プランジャを図**8·17**のように右側に引き込み，プランジャと同期しているピニオンがリングギヤとかみ合う．同時に，メイン接点がスタータモータのフィールドコイルとアーマチュアコイルがバッテリと直結状態になり，大電流が流れてクランクシャフトを駆動し，エンジンが始動する．

エンジンが始動したら，エンジンによってスタータが回されないように，オーバランニングクラッチが切れる．図**8·18**にオーバランニングクラッチの構造を示す．ローラはス

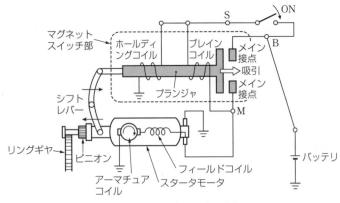

図 8·17 スタータモータの回路図

プリングでくぼみの狭い方向に
押しつけられるので，回転を伝
えるが，リングギヤによってピ
ニオンが回転されると，ローラ
はスプリングを圧縮し，くぼみ
の広いほうへ移動するので，ク
ラッチが切れ，**過回転**（over
run）を防いでいる．

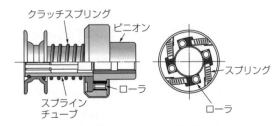

図 8·18 オーバランニングクラッチ

8·4 | 充電装置

1. 充電の回路

　自動車は，運転中，エンジンの点火・始動，点灯，その他に相当量の電気を必要とす
る．電気を供給するのがバッテリであるが，バッテリは一定容量の電気しか蓄えること
ができないので，そのままではバッテリはすぐあがってしまい（電気がなくなることを
"あがる"という），運転不能となる．そこで，運転中，バッテリを充電するために発電機
（generator）が取り付けられている．

　この発電機には，**ダイナモ**（DC generator：直流発電機）と**オルタネータ**（AC gen-
erator, alternator：交流発電機）とがあり，自動車にはオルタネータが採用されている．

　オルタネータは，バッテリに電力を供給し，自動車の走行中，照明などの電気装置にも
電力を供給する．したがって，長時間走行するとバッテリは過充電されるので，電圧を調
整する**レギュレータ**（regulator）と組み合わせる．図 **8·19** に充電系統の配線を示す．こ

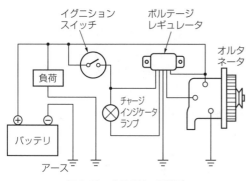

図8·19 充電系統の配線図

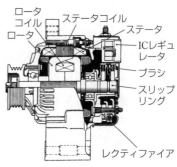

図8·20 オルタネータ

こでは，オルタネータについて説明する．

2. オルタネータ

オルタネータは，図8·20のように，ロータ（rotor），ステータ（stator），ICレギュレータ（IC regulator：調整器），レクティファイヤ（recti fier：整流器）などから構成されている．

（1） オルタネータの原理 図8·21のように，磁極NS間においてスリップリング（slip ring）が回転すると，電磁誘導作用によってコイルに交流電流が流れる．このスリップリングは，取り出す電流の向きを整流子のように切り換える働きがないので，その出力波形は図8·22のような交流となる．

自動車用のオルタネータは，図8·21とは逆に，界磁コイル（ロータ部）が回り，アーマチュアコイル（ステータ部）がその周囲に固定されている．こうすると，発電原理

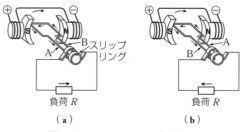

図8·21 オルタネータの発電原理

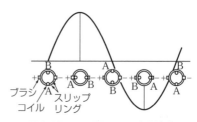

図8·22 オルタネータの出力波形

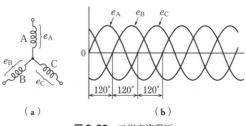

図8·23 三相交流電圧

はまったく同じであるが，ステータコイルの絶縁が容易となり，スリップリングはわずかな励磁電流だけを扱えばよい．また，ステータには3組の独立した巻き線が三相に巻かれ，図**8·23**(**a**)のように結線（これをスター結線またはY結線という）されているので，120°ずつずれて次々と磁力線を切って起電力を誘起するので，出力波形は，図(**b**)のような三相交流波形になる．

（**2**）　**整流作用**　ダイオード（diode）は，図**8·24**のように，一方向だけ電流を通す性質をもっている．これを，図**8·25**のように交流電源と負荷につなぐと，図**8·26**(**a**)に示す電源電圧の正負がダイオードの順方向（電流を流す方向）のとき半サイクルだけ電流が流れる〔図(**b**)〕．これで，波形は悪いが整流されたことになる．この整流を**半波整流**という．

　次に，図**8·27**(**a**)のような回路では，2個のダイオードが，図(**b**)の電源電圧の正と負のサイクルで交互に電流を流すので，負荷には図(**c**)のような電流が流れ，半波整流のようにとぎれることがない．このような整流を**全波整流**と呼ぶ．

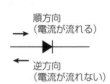

図**8·24**　ダイオードの記号と特性

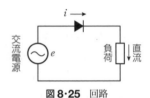

図**8·25**　回路

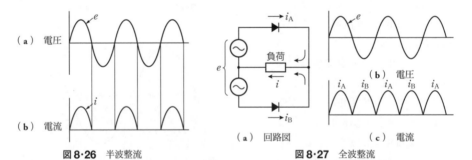

（**a**）　電圧

（**b**）　電流

図**8·26**　半波整流

（**a**）　回路図

（**b**）　電圧

（**c**）　電流

図**8·27**　全波整流

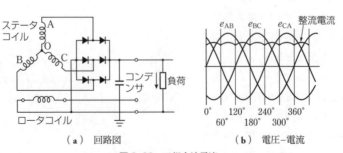

（**a**）　回路図

（**b**）　電圧−電流

図**8·28**　三相全波電流

　実際のオルタネータでは，図**8·28**のように，6個のダイオードを用いて結線している
ので，ダイオードにかかる電圧は，図(**a**)のA-B，B-C，C-A間の電圧（線間電圧とい
う）e_{AB}，e_{BC}，e_{CA}で，図(**b**)のように，120°ずつずれた電圧である．そして，負荷には
三つの電圧によって次々と同じ向きの電流が流れ，その波形は図のように直流に近い整流
電流となる．なお，図(**a**)の回路に入っているコンデンサは，その蓄電能力により，出力
をいっそう直流に近づけている．

　（**3**）　**オルタネータの構造**　図**8·20**のような主要部品で構成されている．

　（**i**）　**ロータ**　ステータ内部を回転するもので，ロータコアの内側にロータコイルが巻
かれている．また，ロータコイルに励磁電流を流すため，ロータの一端にスリップリング
が取り付けられている．

　（**ii**）　**ステータ**　ステータコアに三つの独立したステータコイルを巻いたもので，内部
でロータが回転すると，励磁電流によってロータ先端に磁極ができ，ステータコイルには
三相交流が誘起される．

　（**iii**）　**ボルテージレギュレータ**　オルタネータで発生する電流の電圧は，ロータの回転
数によって変化する．回転数が低いと電圧も低いので問題はないが，回転数が高くなると
電圧も高くなり，バッテリの過充電や電装品の故障などの原因となる．そこで，回転数が
高くなり，一定の電圧に達したら制御する必要がある．そのために**ボルテージレギュレー
タ**（voltage regulator）が用いられる．

　ボルテージレギュレータは，ロータコイルに流す励磁電流を調整し，オルタネータの
電圧を制御するもので，自動車用のオルタネータに用いられるボルテージレギュレータ
は，レギュレータ内のコンタクトポイントの開閉に可動鉄片を採用した**振動コンタクト
ポイント式**（tirrill type）のほか，IC（integrated circuit：集積回路）とトランジスタ
（transister：半導体）を組み合わせた無接点式がある．

9

動力伝達装置

　自動車は，エンジンを動力源として走行する．エンジンが発生した動力をドライブシャフトへ伝える装置を**動力伝達装置**（drive line, power train）という．

　動力伝達装置は，エンジンの位置とドライブシャフトの組合わせによってちがう．FR（フロントエンジン-リアホイールドライブ）式の動力伝達装置では，図**9・1**のように，エンジンの動力は，クラッチ→トランスミッション→プロペラシャフト→リダクションギヤ→ディファレンシャルギヤ→ドライブシャフトと伝達され，ドライブホイールに動力を与える．

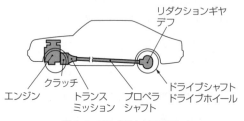

図9・1 FR式動力伝達装置

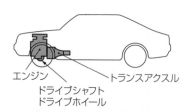

図9・2 FF式動力伝達装置

　FF（フロントエンジン-フロントホイールドライブ）式は，図**9・2**のように，エンジンの動力は，トランスアクスル（trans axle）→ドライブシャフトと伝達され，ドライブホイールに動力を与えている．**トランスアクスル**とは，クラッチ，トランスミッション，リダクションギヤ，ディファレンシャルギヤが一体につくられたもので，プロペラシャフトが不要となる（図**9・41**参照）．

　自動車の基本形であるFR式の動力伝達装置を中心に説明する．

9・1 　クラッチ

　自動車は，発進のときエンジンの動力をドライブシャフトに伝えたり，動力を遮断したりする．この装置のことを**クラッチ**（clutch）といい，エンジンとトランスミッションとの間に取り付けられている．

1. クラッチの種類

クラッチには，摩擦クラッチ，遠心クラッチ，電磁クラッチ，流体クラッチなどがあるが，自動車用クラッチとしてマニュアルトランスミッションには摩擦クラッチが，オートマチックトランスミッションには流体クラッチが採用される．ここでは，摩擦クラッチと流体クラッチを取り上げる．

2. 摩擦クラッチ

摩擦クラッチ（frictional clutch）には，次のような種類がある．

① **クラッチ板の数による種類** 単板式，多板式

② **乾湿の別による種類** 乾式，湿式

③ **クラッチ板の圧着方式による種類** ダイヤフラムスプリング式，コイルスプリング式

④ **操作方法による種類** 機械式，油圧式

図 **9·3** に多く採用されている油圧式乾式単板摩擦クラッチの一例を示す．

（**1**） **構造** 単板摩擦クラッチは，図 **9·4** のように，1 枚のクラッチディスク（clutch disk）をフライホイールとプレッシャプレート（pressure plate）との間にはさみ，クラッチスプリング（clutch spring）で押しつけ，その摩擦力によって動力を伝達する．また，クラッチシャフト（clutch shaft）とクラッチディスクはスプライン（spline）によってはめ合わされて，クラッチディスクは前後にしゅう動する．

図 **9·4**（ **a** ）に，クラッチが作用している状態（クラッチがつながる）を示す．クラッチペダル（clutch pedal）を踏み込むと，図（ **b** ）のように，レリーズフォーク（release fork）がレリーズベアリング（release bearing）を通してレリーズレバー（release lever）を押し，プレッシャプレートによりク

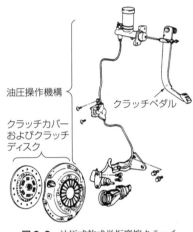

油圧操作機構

クラッチペダル

クラッチカバーおよびクラッチディスク

図 9·3 油圧式乾式単板摩擦クラッチ

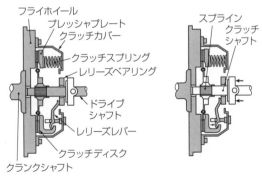

フライホイール
プレッシャプレート
クラッチカバー
クラッチスプリング
レリーズベアリング
ドライブシャフト
レリーズレバー
クラッチディスク
クランクシャフト

スプライン
クラッチシャフト

■ エンジンからの動力が伝わる部分

（ **a** ） クラッチが作用している状態

（ **b** ） クラッチが切れた状態

図 9·4 単板摩擦クラッチの構造（コイルスプリング式）

ラッチスプリングが縮むので，クラッチディスクに摩擦力がなくなり，動力は断たれる（クラッチが切れる）．

なお，クラッチスプリングは，コイル状に5～8回巻かれたピアノ線などでつくられたコイルスプリング（coil spring）か，ばね鋼板でつくられた円板状のダイヤフラムスプリング（diaphram spring）が用いられる．

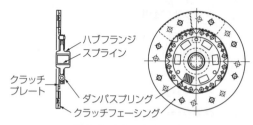

図**9·5** クラッチディスク

また，クラッチディスクは，摩擦力を大きくするため，図**9·5**のように，摩擦材でつくったクラッチフェーシング（clutch facing）が張りつけてあり，動力を受けたときの衝撃を緩和するために，中央部の周辺部分には，円周方向にダンパスプリング（damper spring）を取り付けるか，ゴムダンパ（rubber damper）を挿入する．

（**2**） **操作機構** クラッチペダルを踏んでレリーズフォークを動かすクラッチの操作方法には，機械式と油圧式とがある．

（**i**） **機械式** 図**9·6**のように，クラッチペダルとレリーズフォークがレリーズケーブルで接続されている方式で，クラッチペダルを踏み込むとケーブルが引っ張られてレリーズフォークを動かす．この方式は，クラッチペダルの踏力が直接レリーズフォークに伝わるので，操作が確実で，構造も簡単である．

（**ii**） **油圧式** 図**9·7**のように，クラッチペダルの踏力を油圧に変えてレリーズフォークへ伝える方式で，操作が軽くなめらかである．

（**3**） **クラッチ倍力装置** 大型の自動車は，クラッチスプリングのばね力が大きいので，クラッチペダルの踏力が大きくなる．クラッチペダルの踏力を軽くするための装置

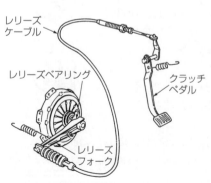

図**9·6** 機械式操作機構

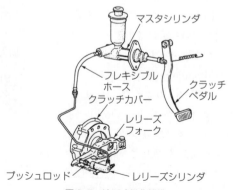

図**9·7** 油圧式操作機構

を**クラッチ倍力装置**という．この装置には，バキュームポンプ（vacuum pump）を用いて倍力を行なう真空式や，空気圧縮機（air compressor）を用いて倍力を行なう圧縮空気式などがある．図**9·8**に圧縮空気式の倍力装置を示す．

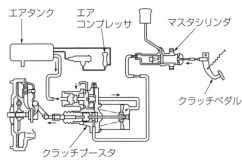

図**9·8** クラッチ倍力装置（圧縮空気式）

3. 流体クラッチ

（1） 流体クラッチの構造と作用

流体クラッチ（fluid dutch, fluid coupling）は，流体（オイル）を用いて動力を伝達させるクラッチで，動力伝達を自動的にスムーズに行なうことができる．

流体クラッチは，図**9·9**のように，扇風機を2台向かい合わせて置き，一方のスイッチを入れて回転すると，その回転が増すにつれて他方も回り始め，ほとんど同じ速度で回転するようになる原理を応用したものである．

図**9·9** 流体クラッチの原理

流体クラッチの構造は，図**9·10**のように，フライホイール内にポンプインペラ（pump impeller）とタービンランナ（turbinerunner）を収め，オイルを充たしてある．クランクシャフトが回転してポンプインペラが回転すると，内部のオイルは流れを生じ，図の矢印のように，外側に放出される．エンジンの回転が遅い場合にはオイルの

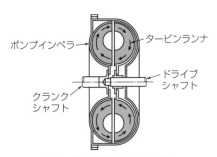

図**9·10** 流体クラッチの構造

流れの力も弱いので，タービンランナを回転させない（100％のすべりを生じる）が，ポンプインペラが高速で回転し始めると，オイルの流れは勢いよくタービンランナにぶつかり，タービンランナに回転力が伝わる．

このように，流体クラッチは，オイルの遠心力による循環作用を利用して動力を伝達させるが，ポンプインペラとタービンランナは完全に同一回転にならず，数％のすべりを生じる．

なお，流体クラッチは，動力断続の役割をするだけで，エンジンのトルク（torque：回転力）を変えることはできない．自動車用には流体クラッチを改良したトルクコンバータ

が用いられている.

（2） トルクコンバータ トルクコンバータ
（torque converter, 略して tor. con）は，図
9・11 のように，ポンプインペラ，タービンラ
ンナ，ステータ（stator）で構成され，オイル
を充たしている．トルクコンバータは，エンジ
ンの動力を断続するクラッチ作用とトルクの増
加作用の働きをしている.

図 **9・12** のように，エンジンの動力によって
ポンプインペラが回転し，オイルに流れを与え

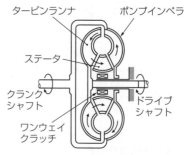

図9・11 トルクコンバータの原理

ると〔図（**b**）の①〕，オイルの流れはタービンランナに当たって回転し，動力の伝達が行
なわれる．タービンランナを回転したオイルはポンプインペラ側へ戻るが，このときのオ
イルの流れは，ステータによってポンプインペラの回転を助けるよう裏側から戻されるの
で，トルクが増加する〔図（**b**）の②〕.

次に，タービンランナの回転が大きくなると，タービンランナから流れるオイルの方向
が変わり，ステータの背面に当たる．この状態になると，オイルはステータからポンプイ

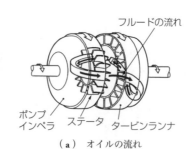

（**a**） オイルの流れ

① 車の発進（低速）　　② 中速　　③ 高速（直結）

（**b**） オイルの流れの変化

〔**注**〕 ポンプインペラ，タービンランナおよびステータが受けるトルクを T_1, T_2, T_3 とすれば
$T_1 - T_2 = T_3$ すなわち $T_2 = T_1 - T_3$
となり，ステータが受けるトルクによってタービンランナが受けるトルクは変化する.

図9・12 トルクコンバータ内のオイルの流れ

ンペラの表側に戻り，ポンプインペラの回転を妨げ，動力の伝達が悪くなり，ステータは空転し，動力の伝達のみが行なわれる〔図(**b**)の③〕．このような状態を**ワンウェイクラッチ**（one-way clutch）という．なお，図中のフルード（fluid：流体）の流れとは，オイルの流れを示している．

（**3**）**トルクコンバータの性能**　トルクコンバータの性能は，図**9·13**のような性能曲線で表わされる．

図中の速度比，トルク比，伝達効率は

$$速度比 = \frac{タービンランナ回転数}{ポンプインペラ回転数}$$

$$トルク比 = \frac{タービンランナトルク}{ポンプインペラトルク}$$

$$伝達効率 = \frac{タービンランナトルク \times タービンランナ回転数}{ポンプインペラトルク \times ポンプインペラ回転数}$$

であり，ポンプインペラが回転し，タービンランナが停止の状態を**失速ポイント**（stall point，速度比0）といい，このときのトルク比のことを**失速トルク比**（stall torque ratio，2.0〜3.0）という（図**9·13**のA点）．

図のように，ポンプインペラの回転が上昇し，タービンランナも回転を始めると，トルク比は減少し，伝達効率は上昇する（この間，ステータは停止状態）．ステータは，トルク比が1となる速度比の点（図**9·13**のB点）で回転を始める．この点を**クラッチポイント**（clutch point）といい，このときの速度比は0.8〜0.9である．

なお，クラッチポイント前（トルク比が1以上）は，トルクの増加が行なわれることから，**トルクコンバータレンジ**（converter length）と呼ばれ，クラッチポイント後（トルク比1）は，動力の伝達のみが行なわれるので，**カップリングレンジ**（coupling length）と呼ばれる．

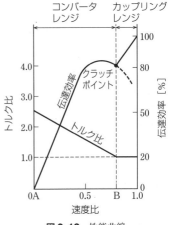

図9·13　性能曲線

9·2 トランスミッション

トランスミッション（transmission：変速機）は，自動車の走行状態に応じてエンジンの軸トルクを増加したり，エンジンとドライブホイールとの連結を遮断したり，ドライブ

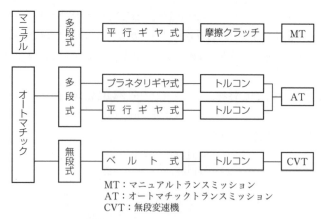

MT：マニュアルトランスミッション
AT：オートマチックトランスミッション
CVT：無段変速機

図9·14 トランスミッションの分類

ホイールを逆転したりする装置である．トランスミッションには，次のような性能が要求される．

① 自動車の走行状態により回転数やトルクを変換できること．

② 作動が静かで，確実であること．

③ 伝達効率がよいこと．

④ 小型・軽量で，整備しやすいこと．

以上の条件を満たし，自動車用のトランスミッションとして用いられているものは，摩擦クラッチとギヤトランスミッションの組合わせで，手動によってシフトを行なう**マニュアルトランスミッション**（manual transmission：**MT**）と，トルクコンバータとプラネタリギヤの組合わせで走行状態に応じて自動的にシフトが行なわれる**オートマチックトランスミッション**（automatic transmission：**AT**）とがある．

図**9·14**にトランスミッションの分類を示す．

1. マニュアルトランスミッション

マニュアルトランスミッション（MT）は，前進3～5段および後退を手動で切り替えるギヤ類で構成されるギヤタイプトランスミッションで，図**9·15**にシンクロメッシュタイプの5速マニュアルトランスミッションの構造を示す．

（1）シフト トランスミッションのギヤの組合わせを変えることをシフト（shift：変速）といい，組み合わさったギヤのギヤ比のことを**変速比**（gear ratio）という．

変速比は，エンジンとプロペラシャフトが直結の状態（変速比＝1）で自動車の最高速度がでるようになっており，次に最大登坂能力から第1速の変速比が決まる．後は，この間を等比級数的に分割する．乗用車の場合は3～4段に，バス，トラックの場合は5～8段に分割される．

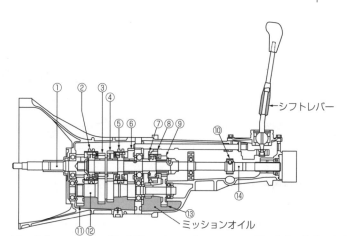

└シフトレバー

① クラッチシャフト
② 3速-4速シンクロ ASSY
③ 3速ギヤ
④ 2速ギヤ
⑤ 1速-2速シンクロ ASSY
⑥ 1速ギヤ
⑦ 5速シンクロハブ
⑧ リバースギヤ
⑨ 5速ギヤ
⑩ スピードメータドライブギヤ
⑪ カウンタドライブギヤ
⑫ カウンタギヤ
⑬ カウンタ5速ギヤ
⑭ トランスミッションシャフト

⑬ミッションオイル

図9·15 シンクロメッシュタイプの5速マニュアルトランスミッションの構造

自動車では，変速比は次のように呼ばれている．

〔**変速比の名称**〕
① **ロー**（low） 発進や登坂時など大きな駆動力が必要なときの変速比．
② **セカンド**（second） 悪路やゆるい登り坂，または追越し時など駆動力に余裕が必要とするときの変速比．
③ **サード**（third） 一般走行時で，駆動力は小さくても速度が必要なときの変速比．
④ **トップ**（top） 変速比1の状態．
⑤ **リバース**（reverse） 自動車を後退させるときドライブホイールを逆転させる変速比．
⑥ **オーバドライブ**（overdrive：OD） 高速道路などを高速走行するときの変速比．エンジンの回転数よりプロペラシャフトの回転数が大きくなる．

（**2**）　**マニュアルトランスミッションの構造**
（**i**）　**コンスタントメッシュタイプ**　コンスタントメッシュ（constant mesh）方式のトランスミッションは，図**9·16**のように，トランスミッションシャフトとカウンタシャフトのギヤはつねにかみ合っているが，トランスミッションシャフトのギヤはシャフトに固定されていないので，空転している．
このトランスミッションの作用は，シフトするとき選択する**クラッチギヤ**（clutch gear）

をかみ合わせて回転をトランスミッション
シャフトに伝える．クラッチギヤのギヤ鳴り
による騒音が発生しやすく，変速もしにくい
ことから，現在はほとんど用いられていない．

（ii）**シンクロメッシュタイプ** この方式
は，コンスタントメッシュタイプの欠点を補
うためにシンクロメッシュ（synchromesh）
機構をもたせたものである．

シンクロメッシュ機構とは，回
転数のちがう二つのギヤをスムー
ズに確実にかみ合わせる機構で，
表**9·1**のような種類がある．自
動車用としてイナーシャロック形
が用いられている．

（a）**キー式** 図**9·17**のよう
に，前進4段の場合には，ローと
セカンドとの間（ローシンクロ装
置），サードとトップの間（ハイ
シンクロ装置）にシンクロメッ
シュ機構が設けられている．

その構造は，図**9·18**のように，
トランスミッションシャフトにス
プライン結合するシンクロナイザ
ハブ〔synchronizer hob，クラッ
チハブ（clutch hob）ともいう〕，
ハブの外周のスプラインとかみ
合うスリーブ〔sleeve，スライダ
（slider）ともいう〕，コー
ン部と接触して**シンクロナ
イズ**（synchronize：同期
作用）を行なうシンクロナ
イザリング（synchronizer
ring），シンクロナイザキー
〔synchronizer key，シフ

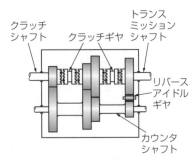

図9·16 コンスタントメッシュタイプ

表9·1 シンクロメッシュ機構の種類

シンクロメッシュ機構	コンスタントロード形 (constant load type)	
	イナーシャロック形 (inertia lock type)	キー式 (key type)
		ピン式 (pin type)
		サーボ式 (servo type)

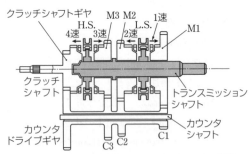

M：メーンギヤ　　H.S.：ハイシンクロ装置
C：カウンタギヤ　　L.S.：ローシンクロ装置

図9·17 シンクロメッシュタイプ

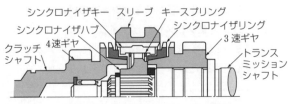

図9·18 キー式シンクロメッシュ機構

ティングキー（shifting key）ともいう〕などから構成されている．ここで，コーン（cone）とは円すいのことである．

いま，4速で走行中の自動車が3速にシフトしたときのシンクロメッシュの作用を図**9·19**で説明すると，次のようになる．

シフトフォーク（shift fork）で，図(**a**)のようにスリーブを右側へ移動すると，シンクロナイザキーの突起部がスリーブの内側でかみ合っているので，スリーブの力はシンクロナイザキーに伝わり，シンクロナイザリングをコーン部に押しつけるので，シンクロナイズが始まる．

次に，図(**b**)のようにスリーブがさらに右側に移動すると，シンクロナイザキーの突起部とスリーブの溝とのかみ合いが外れてスリーブが進み，スリーブとシンクロナイザリングの面取り部が接触し，スリーブの動きは妨げられるが，この力がシンクロナイザリングをコーン部へ強く押すので，シンクロナイズが強まる．さらに，図(**c**)のようにシンクロナイズが完了すると，スリーブの動きを妨げる力がなくなり，スリーブはさらに右側へ移動し，3速ギヤのスプライン部とかみ合い，シフトが完了する．

（**b**）　**ピン式**　キーの代わりにピンが用いられている．シンクロナイズを行なう摩擦面

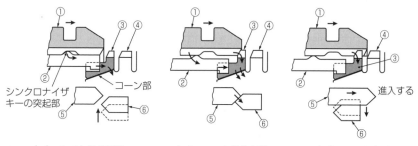

（**a**）　シフト操作初期　　　（**b**）　シフト操作中期　　　（**c**）　シフト完了

　　① スリーブ　　　　　　　　④ 3速ギヤのスプライン部
　　② シンクロナイザキー　　　　⑤ スリーブのスプライン部
　　③ シンクロナイザリング　　　⑥ シンクロナイザリングのスプライン部

図9·19　キー式のシンクロメッシュ作用

が大きくとれるので，シンクロナイズが強力になり，大型の自動車に用いられている．

（**c**）　**サーボ式**　キー式やピン式では，スリーブの押す力を利用して回転数の違うギヤのシンクロナイズを行なっているが，この方式は，シフトするとスリーブがシンクロナイザリングを押し，ほかの部分を回転させながらサーボ作用を生じさせ，速やかにシンクロナイズを行なわせている．

サーボ作用（servo action）とは，シンクロナイズを助ける自己倍力作用のことをいう．

（**3**）　**シフト操作機構**　シフトを行なうときは，シフトレバーを操作し，シフトの位置

すなわちギヤの組合わせを変える．この操作機構には，ダイレクトコントロール式とリモートコントロール式とがある．

　ダイレクトコントロール（direct control）**式**は，図**9·20**のように，トランスミッションの上部にシフトレバーがあり，直接シフトフォークを動かしてシフトを行なう方式で，床にシフトレバーがあることから，**フロアシフト**（floor shift）とも呼ばれている．

　リモートコントロール（remote control）**式**は，図**9·21**のようにトランスミッションまで距離があるので，ケーブル，リンク機構を用いてシフトを行なう方式である．ハンドルのコラムにシフトレバーがあるものもこの一種で，**コラムシフト**（column shift）と呼ばれている．

　（**4**）　**インタロック機構**（interlock）この機構は二重かみ合い防止装置であり，二重かみ合いとは，シフトのとき二つの変速位置にギヤが同時にかみ合ってしまうことである．

　このインタロック機構では，図**9·22**のように，シフトフォークのシャフト間にピンを組み込んで二重のかみ合いを防止している．

　（**5**）　**シフトフォーク位置決め機構**　シフト後のシフトフォークの位置を保つため，図**9·23**のようにシフトフォークに溝をつけ，これにデイテントボール（detent ball）を入れて位置決めをする．

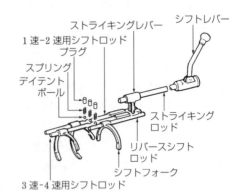

図**9·20**　ダイレクトコントロール式

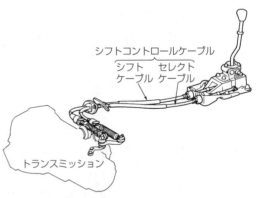

図**9·21**　リモートコントロール式

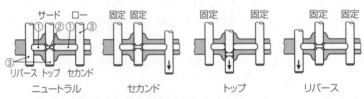

① インタロックピン，② インタロックプランジャ，③ シフトロッド

図**9·22**　インタロック機構

この機構は，走行中の路面の影響やエンジンの振動などでかみ合っているギヤが抜けることも防いでいる．

2. オートマチックトランスミッション

オートマチックトランスミッション（AT）は，オイルの流れでトルクの伝達と増加を行なうトルクコンバータと，トルクの増加を助け，前進2～4段およびリバースのシフトを行なうプラネタリギヤ（遊星歯車装置）とを組み合わせている．図9·24はオートマチックトランスミッションの構造を示したものである．

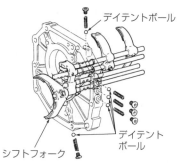

図9·23 シフトフォーク位置決め機構

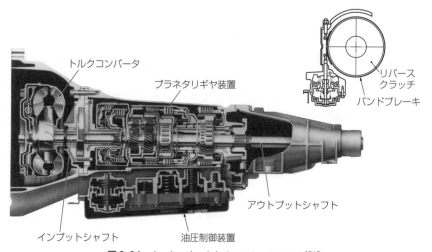

図9·24 オートマチックトランスミッションの構造

なお，図中のインプットシャフトとは，トルクコンバータから動力を伝えるシャフトであり，アウトプットシャフトとは，プロペラシャフトへ動力を伝達するシャフトである．

オートマチックトランスミッションは，マニュアルトランスミッションに比べると次のような特徴がある．

① 構造が複雑である．
② 運転操作が簡単である．
③ 動力の伝達がなめらかに行なわれる．

したがって，乗用車を中心として広く採用されている．

（1） オートマチックトランスミッションの構造

（ i ） **プラネタリギヤ**　図9·24に示したフロントプラネタリギヤ（front planetary gear）やリアプラネタリギヤ（rear planetary gear）は**プラネタリギヤ装置**（planetary gearing：遊星歯車装置）と呼ばれ，図9·25のように，サンギヤ（sun gear），ピニオンギヤ（pinion gear），リングギヤ（ring gear），およびピニオンギヤを連結しているプラネタリキャリア（planetary carrier）から構成されている．

　プラネタリギヤでは，サンギヤ，リングギヤ，プラネタリキャリアの三つのうち一つを固定し，ほかの二つを入力側と出力側にすると，減速，増速，逆回転ができる．

　サンギヤを固定してリングギヤを駆動すると，プラネタリキャリアは減速され，同方向に回転する．また，サンギヤを固定してプラネタリキャリアを駆動すると，リングギヤは増速され，同方向に回転する．さらに，プラネタリキャリアを固定してサンギヤを駆動すると，リングギヤは減速され，逆回転する．

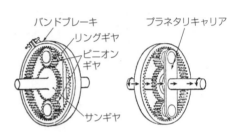

図9·25 プラネタリギヤ

（ ii ） **摩擦クラッチ**　図9·24に示したリバースクラッチ（reverse clutch），ハイクラッチ（high clutch），フォワードクラッチ（forward clutch）なども構造的には摩擦クラッチ（frictional clutch）である．摩擦クラッチは，リングギヤ，サンギヤ，プラネタリキャリアのいずれかにエンジンの動力を伝えて各種のシフト状態にするクラッチで，油圧を利用してクラッチ作用を行なっている．

（ iii ） **バンドブレーキ**　図9·24および図9·25のバンドブレーキ（band brake）は，サンギヤ，プラネタリキャリアを固定するときに作動するもので，バンドに油圧をかけてブレーキ作用を行なっている．

（ iv ） **ワンウェイクラッチ**　各種のワンウェイクラッチ（one-way clutch）は，トルクの伝達を一方向回転のみに行なわせるもので，トルクコンバータにも用いられている．プラネタリギヤではギヤとシャフト間に取り付けられ，シフトの切替え時に用いられる．

（ v ） **油圧制御装置**　図9·24に示したコントロールバルブ（control valve）やオイルポンプ（oil pump）などの油圧制御装置は，車速や走行条件に合わせたプラネタリギヤのシフト操作を行なう装置で，トルクコンバータへの送油や各部の潤滑も行なっている．この装置は，オイルポンプによって発生した油圧をプレッシャレギュレータによって調整し，各種のバルブを作動させ，シフトをスムーズに行なっている．

（2） 各レンジの作動
オートマチックトランスミッションでは，マニュアルトランスミッションの変速比に相当するのが**レンジ**（range：範囲）であり，シフトレバーの操作

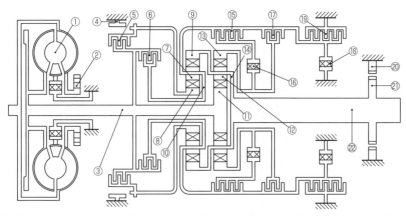

① トルクコンバータ　　　　⑨ フロントインターナルギヤ　　⑰ オーバランクラッチ
② オイルポンプ　　　　　　⑩ フロントプラネタリキャリア　⑱ ローワンウェイクラッチ
③ インプットシャフト　　　⑪ リアサンギヤ　　　　　　　⑲ ローリバースブレーキ
④ バンドブレーキ　　　　　⑫ リアピニオンギヤ　　　　　⑳ パーキングボール
⑤ リバースクラッチ　　　　⑬ リアインターナルギヤ　　　㉑ パーキングギヤ
⑥ ハイクラッチ　　　　　　⑭ リアプラネタリキャリア　　㉒ アウトプットシャフト
⑦ フロントピニオンギヤ　　⑮ フォワードクラッチ
⑧ フロントサンギヤ　　　　⑯ フォワードワンウェイクラッチ

図9·26 オートマチックトランスミッションの作動

によって選択する．以下に，各レンジ名とその作動について図 **9·26** をもとに説明する．

（ⅰ）　**ニュートラルレンジ**（neutral range：記号 N）　すべての制御機構が作動しないので，インプットシャフト（input shaft）の回転はアウトプットシャフト（output shaft）に伝わらない（図 **9·27** 参照）．

（ⅱ）　**パーキングレンジ**（parking range：記号 P）　このレンジでは，パーキングギヤ（parking gear）にパーキングボール（parking boll）がはめ込まれてアウトプットシャフトは固定されてしまう（図 **9·27** 参照）．

（ⅲ）　**ドライブレンジ**（driverange：記号 D）　このレンジで走行すると，走行状態に応じて自動的にシフトされる．

①　**ロー状態**　フォワードクラッチ，フォワードワンウェイクラッチが作動し，回転はインプットシャフト，リアサンギヤ，リアプラネタリキャリアから減速されて伝達し，アウトプットシャフトが回転する（図 **9·28** 参照）．

②　**セカンド状態**　ハイクラッチ，フォワードワンウェイクラッチを通してフロントプラネタリキャリア，フロントインターナルギヤを接続し，回転はロー状態より増速され，インプットシャフトの回転がアウトプットシャフトへ伝達される（図 **9·29** 参照）．

③　**トップ状態**　この状態では，ハイクラッチとフォワードクラッチが作動し，イン

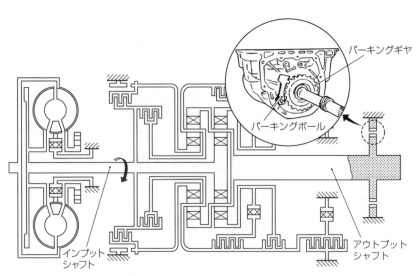

図 9·27 ニュートラルレンジ, パーキングレンジ

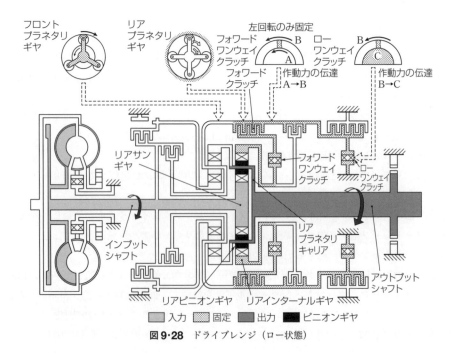

図中ラベル: フロントプラネタリギヤ, リアプラネタリギヤ, 左回転のみ固定, フォワードワンウェイクラッチ, フォワードクラッチ, ローワンウェイクラッチ, 作動力の伝達 A→B, 作動力の伝達 B→C, リアサンギヤ, フォワードワンウェイクラッチ, ローワンウェイクラッチ, インプットシャフト, リアプラネタリキャリア, アウトプットシャフト, リアピニオンギヤ, リアインターナルギヤ

☐ 入力　▦ 固定　▨ 出力　■ ピニオンギヤ

図 9·28 ドライブレンジ（ロー状態）

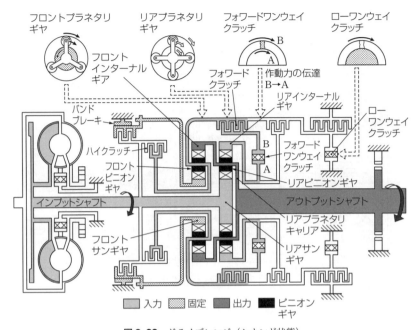

図9・29 ドライブレンジ（セカンド状態）

プットシャフトの回転はフロントサンギヤ，フロントインターナルギヤに伝わり，同時に回転する．

したがって，フロントプラネタリギヤ全体が一体となって回転し，インプットシャフトの回転はアウトプットシャフトへ直結，すなわち変速比＝1で伝達される（図9・30参照）．

④ **オーバドライブ（OD）状態** この状態では，インプットシャフトの回転は，ハイクラッチ→フロントプラネタリキャリア→フロントピニオンギヤ→フロントインターナルギヤ→リアプラネタリキャリアを通し，インプットシャフトより速い回転数でアウトプットシャフトへ伝達される（図9・31参照）．

（iv） **ファーストレンジ**（first range：記号Lまたは1） Dレンジのロー状態と同じシフトで，フォワードクラッチ，ローリバースブレーキが作動してリアプラネタリキャリアが固定され，インプットシャフトの回転がアウトプットシャフトへ伝達される．

（v） **セカンドレンジ**（second range：記号2） Dレンジのセカンド状態と同じシフトで，ハイクラッチ，バンドブレーキが作動してリアプラネタリキャリアが固定され，インプットシャフトの回転がアウトプットシャフトへ伝達される．

（vi） **リバースレンジ**（reverse range：記号R） リバースクラッチ，ローリバースブレーキが作動し，インプットシャフトの回転はリバースクラッチ，フロントサンギヤと伝

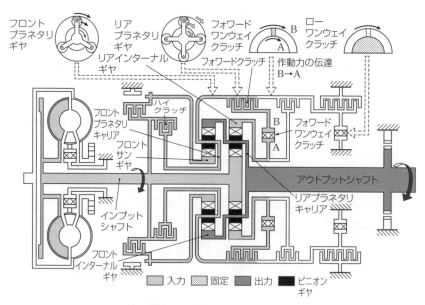

図9·30 ドライブレンジ（トップ状態）

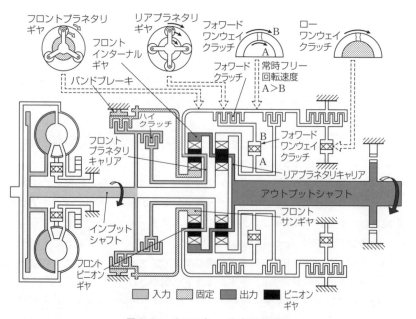

図9·31 ドライブレンジ（OD状態）

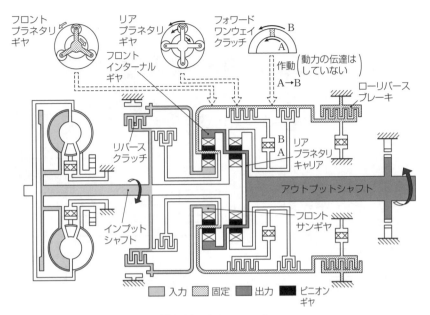

図 9·32 リバースレンジ

わり，また，リアプラネタリキャリアはローリバースブレーキによって固定されるので，フロントサンギヤの回転はリアピニオンギヤによって逆転し，リアインターナルギヤ，アウトプットシャフトへ減速されて伝達される（図 9·32 参照）．

（3） ロックアップ機構 トルクコンバータで生じるポンプインペラとタービンランナのすべりによる回転差をなくすために，一定の車速以上になるとポンプインペラとタービンランナを機械的に直結する装置で，油圧を利用したクラッチ作用によって行なわれる．

3. 電子制御式オートマチックトランスミッション

オートマチックトランスミッションは，油圧制御機構によって自動的にシフトが行なわれる油圧制御式オートマチックトランスミッションである．油圧制御機構にコンピュータを組み込み，その制御をきめ細かく行なえるのが**電子制御式オートマチックトランスミッション**（electronic control transmission：ECT）である．図 9·33 に電子制御式 AT のシステムの一例を示す．

AT コントロールユニットにシフトやロックアップ作動のデータが入力されており，各部に取り付けてあるスピードセンサ，スロットルセンサ（アクセル開度）などからデータの電気信号を受け，AT コントロールユニットで判断し，その結果を油圧制御内のバルブボデーの電磁バルブに伝え，油路を切り替えるロックアップ信号を送って変速制御を行なっている．

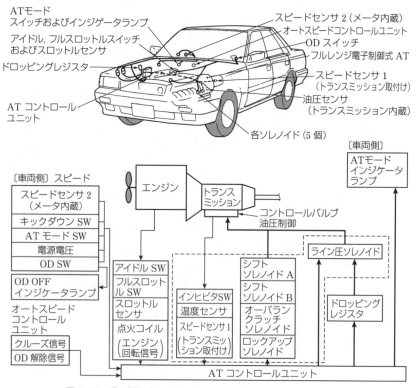

ATモード
スイッチおよびインジゲータランプ
アイドル, フルスロットルスイッチ
およびスロットルセンサ
ドロッピングレジスタ
AT コントロール
ユニット

スピードセンサ 2（メータ内蔵）
オートスピードコントロールユニット
OD スイッチ
フルレンジ電子制御式 AT
スピードセンサ 1
（トランスミッション取付け）
油圧センサ
（トランスミッション内蔵）
各ソレノイド（5 個）

〔車両側〕スピード

| スピードセンサ 2（メータ内蔵） |
| キックダウン SW |
| AT モード SW |
| 電源電圧 |
| OD SW |

| OD OFF インジケータランプ |

オートスピードコントロールユニット

| クルーズ信号 |
| OD 解除信号 |

エンジン

トランスミッション

コントロールバルブ
油圧制御

| アイドル SW |
| フルスロットル SW |
| スロットルセンサ |
| 点火コイル（エンジン回転信号） |

| インヒビタSW |
| 温度センサ |
| スピードセンサ 1（トランスミッション取付け） |

| シフトソレノイド A |
| シフトソレノイド B |
| オーバランクラッチソレノイド |
| ロックアップソレノイド |

ライン圧ソレノイド

ドロッピングレジスタ

〔車両側〕
ATモードインジケータランプ

AT コントロールユニット

図 9·33 電子制御式オートマチックトランスミッションのシステム

　ロックアップ機構は，トルクコンバータを機械的に固定し，油圧を通さずダイレクトに
エンジンの動力をトランスミッションに伝えるメカニズムで，ロックアップ信号により電
子制御でロックアップ作動をさせる．

4. 無段変速機

　オートマチックトランスミッションの一つで，**コンティニュアスリバリアブルトランス
ミッション**（continuously variable transmission：**CVT**）と呼ばれる**無段変速機**である．
従来のトランスミッションは，ギヤで変速比を切り替えるしくみであるから，ギヤチェン
ジ直後ではエンジンの回転数が変化して動力にロスが生じた．そこでギヤをなくし，すべ
てのエンジン回転数に対して最適な変速比を設定し，エンジンの性能をフルに発揮するよ
うにしたトランスミッションである．無段変速機にはベルト式とトロイダル式がある．図
9·34 にベルト式無段変速機の原理を示す．

5. トランスファ

　ここでは，トランスファとして，フロント・リアホイールを駆動する四輪駆動装置（4

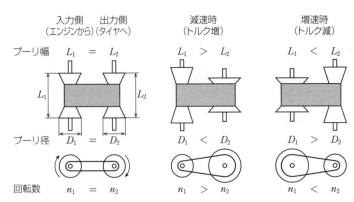

図**9・34** ベルト式無段変速機の原理

wheel drive：4 WD）について説明する．

　四輪駆動とは，図**9・35**のように，トランスミッションに**トランスファ**（transfer：動力分配装置）を取り付けることによって二輪駆動や四輪駆動に切り替えられる駆動方式で，切り替える方法には，**パートタイム4 WD式**（part-time 4 WD）と**フルタイム4 WD式**（full-time 4 WD）とがある．

　（**1**）　**パートタイム方式**　エンジンの動力は，トランスミッションを通してリアホイールへ伝わり，駆動している．パートタイム方式とは，図**9・36(a)**のように，トランスミッションに伝わった動力をトランスファを通して二輪駆動（フロントホイールまたはリアホイール）あるいは四輪駆動（オールホイール）に切り替える方式のもので，切替えの操作は走行状態に合わせて手動で行なわれる．

　（**2**）　**フルタイム方式**　この方式は，トランスファにディファレンシャルギヤを組み込んでいるので，動力の伝達のみを行なうパートタイム方式とは違い，フロント・リアホイールの回転差も吸

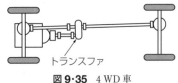

図**9・35**　4 WD車

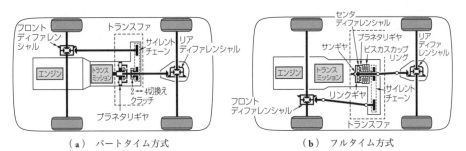

（**a**）　パートタイム方式　　　　　（**b**）　フルタイム方式

図**9・36**　4 WD車の変速機構

収してしまう構造であり，切り替える必要がなく，つねに四輪駆動が可能な方式である．図9·36(b)にフルタイム方式のトランスファの基本的構造を示す．

なお，図中の**ビスカスカップリング**（viscous coupling）とは，センタディファレンシャルに使われるオイルの粘性を利用した自動クラッチである．

9·3 プロペラシャフトとユニバーサルジョイント

1. プロペラシャフト

プロペラシャフト（propeller shaft）は，エンジンの動力をトランスミッションを経てドライブシャフトのファイルギヤへ伝えるシャフトである．また，ドライブシャフトであるリアアクスルに取り付けられるファイナルギヤは，シャシスプリング（chassis spring）によって支えられているので，走行中，路面の状態により，図9·37のように上下動する．

このため，トランスミッションとファイナルギヤとの間に角度の変化が生じるが，プロペラシャフトの両端には動力をスムーズに伝達するために**ユニバーサルジョイント**（universal joint：自在継手）を取り付け，さらに長さの変化にも対応できるように，スライディングヨーク（sliding yoke：すべり継手）を取り付けている．プロペラシャフトの構成を図9·38に示す．

なお，プロペラシャフトは，自動車の大きさにより，長すぎると共振や破損などが生じるので，2分割，3分割などの分割式も用いられている．

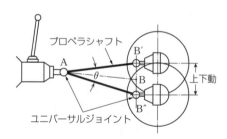

図9·37 プロペラシャフトの変位

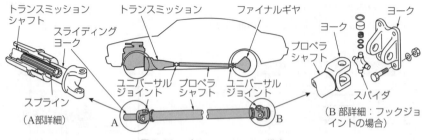

図9·38 プロペラシャフトの構成

2. ユニバーサルジョイント

ユニバーサルジョイントには，フックジョイントと等速ジョイントがある．

（**1**） **フックジョイント**（hook joint） 図**9·38**
のように，入力側ヨーク（yoke）と出力側ヨーク
とを，スパイダ（spider）がニードルローラベア
リング（needle roller bearing）を通してつながっ
ている．

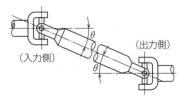

図9·39 2軸の交角

このフックジョイントで入力側（プロペラシャ
フト）と出力側（トランスミッションシャフト）
とを等速運動させるには，構造上の理由から，図
9·39の2軸の交角 θ は10°以下にしなければなら
ない．これ以上の角度になると，トルクや角速度
に変動が生じる．

（**2**） **等速ジョイント**（constant velocity joint）
トランスミッションシャフトとプロペラシャフ
トの交角が30°くらいになっても等速運動が可能
なジョイントで，FF車や4WD車のように，フ
ロントホイールを駆動する自動車に多く用いられ
ている．等速ジョイントの構造を図**9·40**に示す．

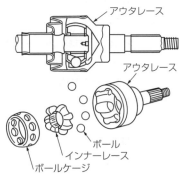

図9·40 等速ジョイント

9·4 ファイナルドライブギヤ

プロペラシャフトから伝達された動力は，**ファイナルドライブギヤ**（final drive gear）

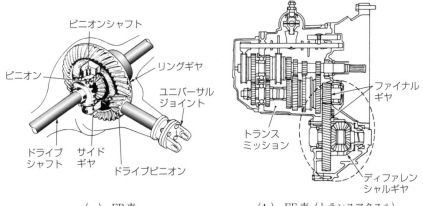

（**a**） FR車　　　　　　　　　　（**b**） FF車（トランスアクスル）

図9·41 ファイナルギヤ

によって減速され，トルクが増加し，伝達方向を直角に変えて左右のドライブシャフトに伝えられる．したがって，ファイナルドライブギヤは，二つの役割をするギヤによって構成されている（図**9·41**）．

1. リダクションギヤ

リダクションギヤ（reduction gear, final gear）は，プロペラシャフトから伝えられた動力を減速し，トルクを最終的に増加するギヤで，図**9·42**(**a**)のような小型車に用いられているスパイラルベベルギヤ（spiral bevel gear）と，図(**b**)のような中・大型車に用いられているハイポイドギヤ（hypoid gear）とが用いられている．

リダクションギヤは，図**9·41**のように，**リングギヤ**（ring gear：減速大歯車）と**ドライブピニオン**（drive pinion：駆動ピニオン）から構成され，リングギヤは後述するディアレンシャルケースに固定されている．

2. 終減速比

リダクションギヤで減速される割合のことを**終減速比**（final reduction ratio）といい，次式で求められる．

終減速比 i_r は

$$i_r = \frac{Z_R}{Z_D} = \frac{N_P}{N_D} \qquad (9\cdot1)$$

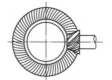 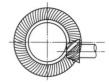

(**a**) スパイラルベベルギヤ　(**b**) ハイポイドギヤ

図**9·42** リダクションギヤ

ここで，Z_R：リングギヤの歯数，Z_D：ドライブピニオンの歯数，N_P：プロペラシャフトの回転数，N_D：ドライブシャフトの回転数．

小型車は $i_r = 3 \sim 6$，中・大型車は $i_r = 4 \sim 8$ くらいの範囲である．したがって，自動車では，エンジンの回転数はトランスミッションで減速され（変速比），このリダクションギヤで減速（終減速比）される．この二つの減速の割合を**総減速比**（total reduction ratio）といい，次式で求められる．

総減速比 i は

$$i = i_t \cdot i_r \qquad\qquad\qquad\qquad\qquad (9\cdot2)$$

ここで，i_t：変速比，i_r：終減速比．

したがって，いま，$i_r = 4$ の乗用車がエンジンの回転数 1000 rpm で走行しているとき，$i_t = 3.33$（乗用車のローの変速比）であるなら

$$1000 \times \frac{1}{3.33} \times \frac{1}{4} = 75 \ [\text{rpm}]$$

となり，ドライブシャフトは 75 rpm で回転している．

$$i_t = 1 \ （乗用車のトップの変速比）$$

であるなら

$$1000 \times \frac{1}{1} \times \frac{1}{4} = 250 \ [\mathrm{rpm}]$$

となり，ドライブシャフトは250 rpmの回転をしている．

3. ディファレンシャルギヤ

ディファレンシャルギヤ〔differential gear：通称デフ（diff.）〕は，リダクションギヤで増加されたトルクを左右のドライブシャフトに伝えるギヤで，その必要性は次のとおりである．

（1）　**デフの必要な理由**　自動車が走行するとき，一直線の道路を走るよりも旋回運動をしていることが多い．自動車が旋回するときのホイールの動きは，図**9·43**のように，外側ホイールのほうが内側ホイールより長い距離を進む．

いいかえれば，外側ホイールを内側ホイールよりその分だけ速く回転させなければならない．駆動力がかからないフロントホイールには問題はないが，駆動力の伝えられるリアホイールは，旋回するとき，内側ホイールはその回転差だけすべりながら回転するので，各部に無理な力が加わり，自動車はスムーズな旋回運動をすることができない．

したがって，自動車では，ドライブシャフトを左右別々に2分割してその中央にデフを取り付け，左右のアクスルおよびホイールはそれぞれ単独に回転するようにしている．デフは，車が直線道路を走るときには左右のホイールは同一速度で回転し，旋回運動を行なうときには，その加わる抵抗の差により，プロペラシャフトの回転を自動的に左右のホイールに適切に伝え，自動車の旋回運動がスムーズに行なえるようにしている．

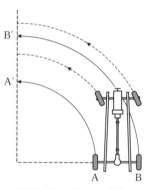

図9·43　ホイールの軌跡

（2）　**デフの原理**　デフは，図**9·44**のような原理によってその作用を行なう．いま，図（**a**）のように，左右のラック①，②に同じ抵抗がかかっているとき，③のピニオンを上に引き上げると，ピニオンは回転せず，①，②のラックを同時に同じ距離だけ引き上げる．しかし，図（**b**）のように，片方にだけ抵抗（おもり）をかけて，ピニオンを引き上げると，①のラックは上がらず，ピニオンは矢印の方向に回転（公転）しながら反対の②のラックを引き上げる．

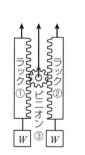
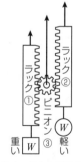

（**a**）　左右の抵抗が　　（**b**）　左右の抵抗が
　　　等しい場合　　　　　　違う場合

図9·44　差動作用

　すなわち，抵抗のかかったラックは，ピニオンの公転した分だけ減速され，抵抗のかからないラックは，その分だけ加速されることになる．いいかえれば，両ラックの抵抗の差によってピニオンが差動作用を行ない，適した動力の配分を行なったことになる．

　以上がデフの原理であって，自動車のデフの構造は違うが，同じ作用を行なっている．

　（3）　デフの構造　図9·45はデフの構造を示したもので，自動車のデフでは，前述のラックやピニオンの代わりに，図のようなベベルギヤ（bevel gear：かさ歯車）を数個用いて，これをディファレンシャルケース（diff. case：差動歯車箱）内に収めている．以下に，デフの作用について述べる．

　図9·46はデフの作用を示したもので，図（a）は直線時である．この場合は，両側のホイールにかかる抵抗はそれぞれ等しいから，リングギヤの回転によってデフケース内のディファレンシャルピニオン（differential pinion）は，サイドギヤ（side gear）の歯を引っかけて一体になったまま公転するが，それ自体は自転していない．したがって，両サイドギヤの回転数は等しく，両側ホイールの回転数も等しい．

　自動車が旋回するときは，図（b）のように右側のホイールに抵抗が多くかかった場合，ピニオンは抵抗の大きいサイドギヤ上を図の矢印のように自転しながら公転するので，右側ホイールの回転は減り，その分，左側ホイールの回転が増え，差動作用が行なわれる．したがって，いまリングギヤが200回転しているとすると

　直進時：左右のホイールはともに200回転する（両ホイールの回転数の和は400回転）．

　旋回時：右側が150回転になったとすると，差動作用によって左側にはその差が伝わり，250回転となる（両ホイールの回転数の和は400回転）．

　このように，一定速度で走行しているときは，左右にどのような変化が生じても両ホイールの回転数の和は一定となる．

　（4）　自動差動制限形デフ　デフには，前述のような利点はあるが，片方のホイールがぬかるみや雪だまりの中に落ち込んだときは，スリップして他方が回転しなくなったり，またブレーキが片効きした場合には，デフが逆に働い

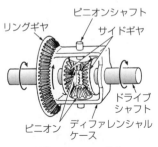

図9·45　デフの構造

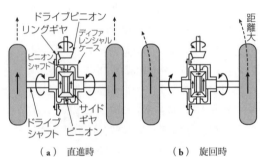

（a）　直進時　　　　　（b）　旋回時

図9·46　デフの作用

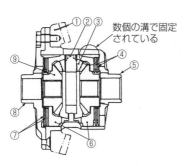
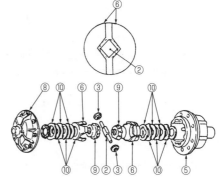

① リングギヤ ⑥ プレッシャリング
② ピニオンシャフト ⑦ クラッチプレート（ケースサイド）
③ ピニオン ⑧ デフケース（左）
④ クラッチディスク（ギヤサイド） ⑨ サイドギヤ
⑤ デフケース（右） ⑩ フリクションプレート

図9·47　自動差動制限形デフ

て他方のホイールがよけいに回転し，車を横すべりさせたりする欠点がある．

　このような欠点をなくすため，自動的に差動作用を制限する装置を備えたデフがある．これを**自動差動制限形デフ**といい，このデフにはノンスリップデフ（non-slip diff.），リミテッドスリップデフ（limited slip diff.），ノースピンデフ（nospin diff.）などがある．

　ここでは，リミテッドスリップデフのビスカス式（viscous coupling：VC）について説明する．この方式は内部に2種類のプレート（図9·47の左右の⑩のフリクションプレート）と粘性の高いオイルが入っており，左右のドライブシャフトの回転差が大きくなるとオイルとプレートが摩擦を起こし，膨張したオイルがプレートを密着させ，左右の回転軸が直結されて作動制限（リミテッド）を行なう．これによりタイヤの空転をおさえ，走行可能な駆動トルクを両ホイールに伝えている．

　図9·47にリミテッドスリップ式の自動差動制限形デフの一例を示す．

9·5　ドライブシャフト

　エンジンの動力は，クラッチ→トランスミッション→プロペラシャフトと伝達され，ファイナルギヤによって最終的に減速され，伝達方向が直角に変えられ，左右の**ドライブシャフト**（drive shaft）に伝わる．自動車では，FR式はリアアクスルが，FF式はフロントアクスルが，4WDはフロント・リアアクスルがドライブシャフトとなる．なお，ドライブシャフトについては**12**章で説明する．

10

制動装置

　制動装置（brake system）は，走行中の自動車を減速または停止させる装置で，摩擦力を利用して制動作用を行なっている．

　自動車には法令（道路運送車両法）によって，2系統が独立して作動する構造をもつことが義務づけられている．

　制動装置には，次のような性能が要求される．

① 制動が確実に行なわれること．

② 制動力が規定以上であること．

③ 耐久性があり，整備が容易な構造であること．

10·1 制動装置の種類

　自動車の制動装置には次の3系統がある．

① 走行中，減速または停止させる**サービスブレーキ**（service brake：常用ブレーキとも呼ばれる）．

② 駐車状態を保持する**パーキングブレーキ**（parking brake）．

③ サービスブレーキを補助するための**補助ブレーキ**（auxiliary brake）．

　上記の役割を果たすための制動装置は，次のように分類できる．

① **取付け位置による分類**　ホイールブレーキ（wheel brake），センタブレーキ（center brake）．

② **操作方法による分類**　ハンドブレーキ（hand brake），フットブレーキ（foot brake）．

③ **構造による分類**　ドラムブレーキ（drum brake），ディスクブレーキ（disc brake）．

④ **機構による分類**　機械

表 10·1　自動車の制動装置の種類

種類	操作方法	機構	構造
サービスブレーキ	フットブレーキ	油圧式ブレーキ	ドラム式 ディスク式
		エア式ブレーキ	ドラム式
パーキングブレーキ	ハンドブレーキ	機械式ブレーキ	リアホイール式 センタブレーキ式
補助ブレーキ （第三ブレーキ）	―	排気ブレーキ エディカレントブレーキ	―

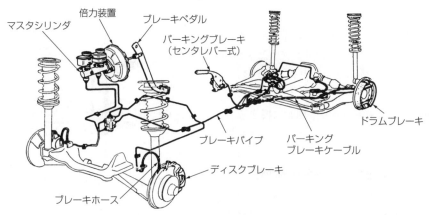

図 10·1 制動装置の構成

式ブレーキ（cable brake），油圧式ブレーキ（oil brake），エアブレーキ（air brake），真空式ブレーキ（vacuum brake），倍力ブレーキ（servo brake）．

以上をまとめると表 **10·1** のようになる．

図 **10·1** に自動車の制動装置の構成の一例を示す．

10·2 サービスブレーキ

サービスブレーキは，運転席床部のブレーキペダルを踏み込むと制動作用が行なわれるので，**フットブレーキ**とも呼ばれる．フットブレーキには，機構上，油圧式，空気式があり，構造上からは，ドラム式，ディスク式がある．また，ブレーキペダルの踏力を増加させる倍力装置を取り付けているものもある．ここでは，自動車用として多く採用されている油圧式を説明する．

1. 油圧式ドラムブレーキ

（1） 油圧式ブレーキの原理と働き 図 **10·2** の油圧式ブレーキは，ブレーキペダル（brake pedal）を踏み込んでマスタシリンダ内のオイルに圧力を加えると，圧力はブレーキパイプによって各ホイールのホイールシリンダ（図 **10·3** 参照）に伝えられ，ピストンによってブレーキシューはブレーキドラムに押しつけられ，制動作用が

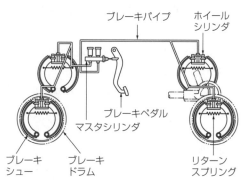

図 10·2 油圧式ブレーキの原理

行なわれる.

また，ブレーキペダルを離すと，油圧が
なくなり，リターンスプリングによってブ
レーキドラムからブレーキシューが離れ，
制動作用がなくなる．油圧式ブレーキは，
制動作用が確実であり，制動に要する力
（ブレーキペダルを踏み込む力）も少なく
てすむ.

（2） 油圧式ブレーキ主要部の構造

（i） マスタシリンダ（master cylin-
der） 図**10・4**のように，リザーブタンク
（reserve tank），シリンダボデー（cylinder
body）などからなり，ブレーキペダルの踏
込みによってブレーキオイル（brake oil）
に油圧を発生させている．シリンダボデーは，
油圧を発生するピストン（piston）と，ピ
ストンを元の位置に戻すリターンスプリン
グ（return spring）を内蔵している.

なお，マスタシリンダは，安全性から，
2系統システムをとるように法令で義務
付けられており，フロント用・リア用の
2個の独立して作用するピストンをもつ
タンデムマスタシリンダ（tandem master
cylinder）が採用されている.

（ii） ホイールシリンダ（wheel cylin-
der） 図**10・5**のような構造で，図**10・3**の
ように，バックプレート（back plate）に
取り付けられている.

マスタシリンダから圧送されたオイル
は，ホイールシリンダの中央に入り，2個
のピストンによってブレーキシューを作動
させ，制動作用を行なう．また，ブレー
キペダルを離すと，油圧がなくなり，ブレー
キシューはリターンスプリングによって引

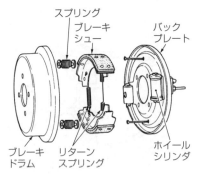

図**10・3** 油圧式ブレーキの構造

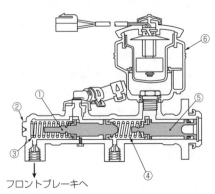

フロントブレーキへ

① セカンダリピストン
② シリンダボデー
③ セカンダリピストンリターンスプリング
④ プライマリピストンリターンスプリング
⑤ プライマリピストン
⑥ リザーブタンク

図**10・4** タンデムマスタシリンダの構造

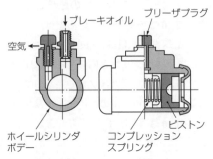

図**10・5** ホイールシリンダの構造

き戻され，ブレーキドラムとの接触がなくなるので，制動作用がなくなる．

　なお，ホイールシリンダには，油圧系統中の空気を抜くために，ブリーザプラグ（breather plug：空気抜き弁）が取り付けられている（図10·5参照）．

　（iii）　ブレーキシュー（brake shoe）　鋳鉄製で，表面には摩擦力を増すために**ブレーキライニング**（brake lining）が張ってある．ブレーキシューは，2個向かい合わせにバックプレート（back plate）に**シューホールドピン**（shoe hold pin）で止められており（図10·3参照）．

　ブレーキライニングを張ったブレーキシューは，ブレーキドラムとの摩擦によって制動作用を行なうが，ライニングは摩擦係数が大きく，摩擦熱により高温になっても摩擦係数が小さくならない放熱のよいものがよい．なお，ライニングが高温になって摩擦係数が小さくなり，制動力が低下することを**フェード現象**（fading）という．

　ライニングの主成分は熱硬化性の樹脂製で，金属の粉末を混入して耐フェード性をもたせた**セミメタリックライニング**（semi-metalic lining）が用いられている．

　（iv）　ブレーキ本体　ドラムブレーキでは，図10·6のように，回転方向にあるシュー（図の右側のシュー）は，摩擦力によってドラムとともに回転しようとし，シューをドラムに押しつける力が増大し，大きい制動力が発生する．

　このような作用のことを**自己倍力性**（self-servo effect, self-energing）という．この作用が働く側のシューのことを**リーディングシュー**（leading shoe）といい，左側のシューは，摩擦力によってドラムから離される力が働くので，制動力は弱まる．このようなシューのことを**トレーリングシュー**（trailing shoe）という．したがって，ブレーキは，シューが前進・後退のいずれのときもリーディングシューである構造がよい．ブレーキシューとホイールシリンダの取付け方によって，次のような種類がある．

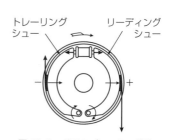

図10·6　ドラムブレーキの構造

（a）リーディングトレーリングシュー式　　（b）ツーリーディングシュー式　　（c）デュアルツーリーディングシュー式　　（d）デュオサーボ式

図10·7　ドラムブレーキの種類とその原理

（**a**）　**リーディングトレーリングシュー式**（leading trailing shoe type）　図 **10·7**（**a**）のように，リーディングシューとトレーリングシューとの組合わせによるもので，構造が簡単であるので，それぞれのシューの長所・短所をそのままもっている．

なお，自動車が後退するときはホイールが逆転して，リーディングシューとトレーリングシューは入れ替わるので，制動力は変化しない．

（**b**）　**ツーリーディングシュー式**（two leading shoe type）　トレーリングシューをなくして2個のシューとも制動力の強いリーディングシューにしたもので，図（**b**）のようにホイールシリンダを2個使用している．このため，後退のときは2個のシューともにトレーリングシューとなってしまい，制動力は逆に弱くなる．

（**c**）　**デュアルツーリーディングシュー式**（dual two leading shoe type）　図（**c**）のように，ツーリーディングシュー式の欠点を改善し，ドラムの回転方向に関係なく自己倍力性を発生する方式である．

（**d**）　**デュオサーボ式**（duo servo type）　ホイールシリンダを1個にし，後退のときの欠点もなくした方式である．

デュオサーボ式は，図（**d**）からわかるように，ブレーキシューが広がると右側のシューはドラムに引きずられ，ここを中心にリーディングシューとなり，さらにこの力は左側のシューに働き，リーディングシューにする．また，後退のときは，この力が逆になるだけでまったく同じ制動力が得られる．

2. 油圧式ディスクブレーキ

ディスクブレーキ（disc brake）は，自己倍力性がドラムブレーキより低いが，放熱性がよく，安定した制動力が得られるなどの特性から，自動車に広く用いられている．

ディスクブレーキの構造は，図 **10·8**（**a**）のように，回転する**ディスク**（disc：円板）と，これを両側からはさむ**キャリパ**（caliper），制動作用をする**パッド**（pad：ブレーキ

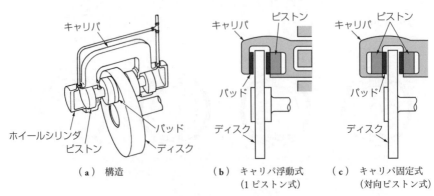

（**a**）　構造　　　（**b**）　キャリパ浮動式　　　（**c**）　キャリパ固定式
　　　　　　　　　　　　　　（1 ピストン式）　　　　　　（対向ピストン式）

図 10·8　ディスクブレーキ

ライニングに相当）からなり，ホイールシリンダに相当する部分はキャリパの内部にある．ディスクは鋳鉄製で，パッドはセミメタリック製である．

ディスクブレーキは，キャリパ浮動式，キャリパ固定式が用いられている．

（1）**キャリパ浮動式**（caliper floating type）　図（**b**）のように，ディスクの片側にピストンを取り付け，ピストンがパッドをディスクに押しつける反力を利用してキャリパ全体をディスク側に移動させ，反対側のパッドをディスクに圧着して，両面でブレーキ作用を生じさせる方式である．現在用いられているディスクブレーキはほとんどこの方式である．

（2）**キャリパ固定式**（caliper fixed type）　図（**c**）のように，キャリパが固定され，両側のピストンがディスクを押してブレーキ作用を生じさせる方式である．

3. ドラムブレーキとディスクブレーキの比較

ドラムブレーキとディスクブレーキを比較すると，表 **10·2** のようになる．

表 **10·2**　ドラムブレーキとディスクブレーキの比較

項目	ドラムブレーキ	ディスクブレーキ
自己倍力性	リーディングシューに自己倍力性があり，制動力を強めることが容易である．しかし，これが不安定の原因ともなる．	パッドはディスクを均等な圧力で押さえつけるだけで，自己倍力性はない．
必要油圧	ディスクに比べてドラムは半径を大きくとれるので，油圧は低くてよい．	大きなキャリパの存在のため，ディスクの半径を大きくとれないので，高い油圧を必要とする．
フェード現象	ライニングの当たりにむらがあり，局所的に高温となり，フェード現象を起こす．	パッドの当たりが均等で，構造上，放熱もよいから，フェード現象を起こす心配がない．
ペダル踏みしろ	自己倍力性のためにライニングの引きずりを起こしやすいので，そのすきまを大きくとる必要がある．このため，踏みしろは大きくなる．	キャリパの構造が頑丈なので，パッドのすきまを小さく保て，踏みしろは小さくできる．
総合性能	高速走行時の安定性に欠ける．	強力で安定した制動性能をもっている．

4. 倍力装置

自動車の性能が向上すれば，制動装置の性能は安全性の面から重要になってくる．自己倍力性が弱いディスクブレーキを採用している自動車が多くなってきているので，倍力装置（servo system）を組み合わせ，ディスクブレーキの欠点を補っている．

倍力装置は，制動力を大きくし，制動距離を短くするとともに，踏力を小さくし，運転者の負担を軽くしている．ここでは，油圧式ブレーキの倍力装置に用いられている真空式と圧縮空気式について説明する．

（1）**真空式**（hydro-vacuum, hydro-master）　真空倍力装置がブレーキのマスタシ

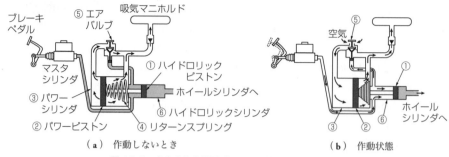

図10・9 真空式倍力装置ブレーキの基本構造（分離形）

リンダと分離しているもの（分離形）と，マスタシリンダと一体になっているもの（一体形）があるが，その原理は次のとおりである．

図**10・9**のように，ブレーキペダルを踏み込むとマスタシリンダで油圧が発生し，圧力がパワーシリンダ（power cylinder）内に空気を送り込み，パワーピストン（power piston）の両側に圧力差を生じさせてパワーピストンを動かし，ハイドロリックシリンダ（hydraulic cylinder）部でより大きい油圧を発生させる．このとき使用する負圧は，ガソリン車の場合は吸入パイプの吸入負圧を，ディーゼル車の場合は真空ポンプ（vacuum pump）によって負圧を得ている．

（**2**）**圧縮空気式**（air servo）図**10・10**の構成で，その作用は，コンプレッサ（compressor）によって圧縮された空気がエアタンク（air tank）に蓄えられ，この空気圧がブレーキペダルの踏力に応じてフロントおよびリアのブレーキに伝わり，ブレーキカム（brake cam）を回転させて制動力を発生させている．

圧縮空気式は，真空式に比較すると，小さな踏力で大きな制動力が得られ，ブレーキ液の交換やエア抜き作業がないことから，大型車に広く用いられている．

5. ブレーキの安全装置

制動装置には，故障が発生したときに備え，次のような安全装置が取り付けられている．

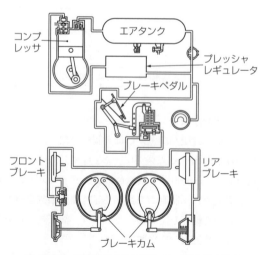

図10・10 圧縮空気式倍力装置ブレーキの基本構成

（1） **プロポーショニングバルブ**（proportioning valve：Pバルブ） 制動力が働くと，自動車のリアホイールがロックされてスリップが生じ，方向が不安定になる．そこで，制動時，リアホイールに働く制動力を制御し，安定した制動を得るために油圧の調整を行なうプロポーショニングバルブがリアホイールの油圧系統に取り付けられている．

（2） **ロードセンシングプロポーショニングバルブ**（load sensing proportioning valve：LSPV） バスやトラックなどの大型車の場合は，積載荷重によって制動状態が変わるので，あらゆる積載状態においても安定したブレーキ作用が必要である．そこで，リアホイールのロック防止用として，荷重によって油圧を制御し，リアホイールに働く制動力を適正に保つロードセンシングプロポーショニングバルブと呼ばれる安全装置がリアホイールの油圧系統に取り付けられている．

（3） **セーフティシリンダ** 図**10·11**のセーフティシリンダ（safety cylinder）は，ブレーキの油圧回路のどこかにオイル漏れなどの故障が生じたとき，ブレーキペダルを踏むと油圧系統への送油を止め，別のブレーキ系統で制動力を確保する装置である．

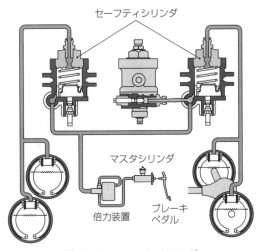

図**10·11** セーフティシリンダ

6. 電子制御式アンチロックブレーキシステム

急制動すると制動力が大きすぎてホイールがロックされ，自動車は路面をスキッド（skid：横すべり）したり，スピン（spin）を起しやすくなる．このため制動距離が長くなるだけでなく，操縦も不能になる．ロックの発生を防ぎ急制動時でも安定したブレーキ作用が働く装置が**電子制御式アンチロックブレーキシステム**（electronic antilock brake system：**電子制御式 ABS**）である．図**10·12**（**a**）に電子制御式 ABS のシステムの一例を示し，図（**b**）にそのしくみを示す．

電子制御式 ABS は，センサ，アクチュエータ，ECU などから構成されている．

① **アクチュエータ** 油圧発生装置．

② **ECU** ホイールのセンサからロック信号を受け，得られた情報から最適な制動力が作用するようにアクチュエータに指示する．また，システム全体を見守っている．

③ **センサ** ホイールのロック状態を検知する．

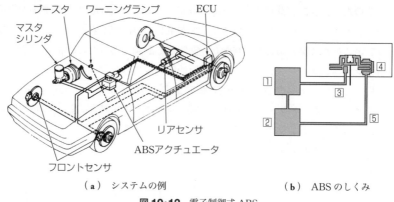

ブースタ　ワーニングランプ　ECU

マスタ
シリンダ

リアセンサ

ABSアクチュエータ

フロントセンサ

(**a**)　システムの例　　　　　　　　(**b**)　ABSのしくみ

図10·12　電子制御式ABS

　図(**b**)のようにABSのしくみは，ブレーキペダルを踏むとアクチュエータ ① で油圧が発生し，油圧パイプ ⑤ を通してディスクブレーキ ④ に伝わり，制動力が発生している．ホイールにロックが発生したとき，ECU ② はセンサ ③ でホイールのロック状態をとらえ，アクチュエータに指示し，最適な制動力にすることによってホイールのロックをなくしている．

10·3 ┃ パーキングブレーキ

　パーキングブレーキは，駐車や停車のときに用いるブレーキで，サービスブレーキとは別系統で構成されている．
　図 **10·13** のような構造をしている．運転席にある図(**a**)のステッキ式や図(**b**)のペダル式では，ブレーキレバーやブレーキペダルによって，フレキシブルワイヤで操作力を伝え，図(**c**)のドラム式では，ブレーキシューレバーによってシューがライニングを固定し，図(**d**)のディスク式では，パッドがディスクを固定し，駐車や停車することができる．

10·4 ┃ 補助ブレーキ

　制動装置には，サービスブレーキとパーキングブレーキのほかに，サービスブレーキを補助するためのブレーキがある．この補助ブレーキは，**第三ブレーキ**（third brake）とも呼ばれ，排気ブレーキとリターダがある．

1.　排気ブレーキ

　排気ブレーキ（exhaust brake）は，図 **10·14** のように，排気パイプに排気ブレーキバ

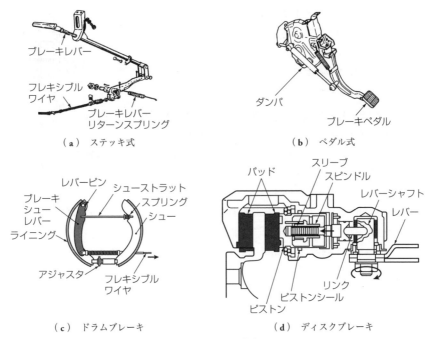

ブレーキレバー

フレキシブルワイヤ

ブレーキレバーリターンスプリング

（a） ステッキ式

ダンパ

ブレーキペダル

（b） ペダル式

レバーピン　シューストラット

ブレーキシューレバー

スプリング

シュー

ライニング

アジャスタ　フレキシブルワイヤ

（c） ドラムブレーキ

パッド　スリーブ　スピンドル

レバーシャフト

レバー

ピストンシール

リンク

ピストン

（d） ディスクブレーキ

図 10·13 パーキングブレーキ

ルブを取り付けて排気の出口をふさぎ，エンジンに圧縮機としての作動を行なわせて制動効果を高めるもので，長い坂路を下るときなどサービスブレーキの補助として用いられる．なお，吸気パイプに吸気消音のバルブを取り付け，騒音を防止している．

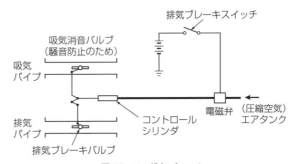

排気ブレーキスイッチ

吸気消音バルブ（騒音防止のため）

吸気パイプ

排気パイプ

コントロールシリンダ

電磁弁

（圧縮空気）エアタンク

排気ブレーキバルブ

図 10·14 排気ブレーキ

2. エディカレントリターダ

エディカレントリターダ（eddy current retarder）は，自動車の速度を減じる装置で，プロペラシャフトの途中に取り付けられる．

エディカレントリターダは，エディカレント（渦電流）による発熱を利用して制動を行なうもので，図 **10·15** のように，コイルをもったステータと，回転するロータからなり，

バッテリでステータコイルに電流を流して電磁石にすると，ロータとの間に磁気回路ができてディスクの回転を制限し，プロペラシャフトの回転を制動している．

3. エンジンブレーキ

エンジンブレーキ（engine brake）は，ドライブホイールからエンジンを逆に回転させて，ブレーキをかけたのと同様な効果を生じさせるものである．加速ペダルを離すと，エンジンの回転が急に低速となるため，惰性で走り続けようとするドライブホイールは，逆にエンジンを回す．エンジンを逆に回すには，各部の摩擦抵抗および吸入行程における真空力，圧縮行程における圧縮力などの抵抗に打ち勝たなければならないから，ブレーキをかけたときと同様に減速される．

このように，エンジンの回転抵抗を利用した制動効果をエンジンブレーキという．

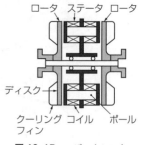

図 10·15 エディカレント
リターダ

11

ステアリング装置と走行装置

11·1 ステアリング装置

1. ステアリング装置の原理

　自動車がほかの陸上交通機関に比べてすぐれているのは，ステアリング装置（steering system：かじ取り装置）を備えているからで，直進路・曲進路を自由自在に走行することができる．

　ステアリング装置は，**ステアリングホイール**（steering wheel, handle）を回し，リンク機構を動かし，フロントホイールの向きを変える装置であるが，このときのホイールの向きについては，次の点が考慮されなければならない．

　いま，自動車が右旋回しようとするとき，各ホイールの軌跡は，図**11·1**のように，ホイールは，旋回中心 O を中心にして，それぞれ同心円の円周上を通る．旋回するとき，左右のホイールを同じ角度だけ向きを変えたのでは，図**11·2**（**a**）のように，中心点が異なった旋回が行なわれ，スムーズに旋回をすることができない．そこで，自動車が直進のとき，図（**b**）① に示す左右の**ナックルアーム**（knuckle arm）の延長線がリアアクスルの中央で交わるように取り付ける．そう

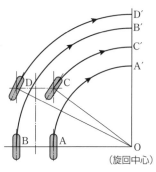

図 11·1 旋回時の軌跡

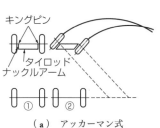

（**a**）アッカーマン式

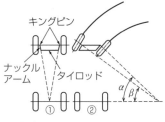

（**b**）アッカーマンジャント式

図 11·2 旋回時のフロントホイールの軌跡

すると，旋回するとき，フロントホイールはそれぞれ異なった角度で向きを変えるので，図(**b**)②のように，全部のホイールが同心円の円周上をなめらかに通ることができる．ここで，α, β を**ターニング角**（turning radius：かじ取り角）という．

なお，図 **11·2(a)** は，**アッカーマン式**（Ackermann type）と呼ばれるステアリング方式であり，図(**b**)は，アッカーマン式を改良した**アッカーマンジャント式**（Ackermann Jeantaud type）である．

2. ステアリング装置の概要

ステアリング装置は，次の各部分から成り立っている．

① **ステアリング操作部** ステアリングホイールを操作して，ステアリングギヤ部に操作力を伝える部分．

② **ステアリングギヤ部** 操作力を受け，回転を減速してトルクを増加し，運動方向を変える部分．

③ **ステアリングリンク部** ステアリングギヤの動きをフロントホイールに伝え，方向を変える部分．

図 **11·3** にステアリング装置の構成の一例を示す．

3. ステアリング装置の構造

(1) ステアリングホイール

ハンドルと呼ばれるステアリングホイールは，図 **11·4** のように，ハブ（hub），リム（rim），スポーク（spoke）から構成され，スポークの本数によっていろいろな形状がある．

(2) ステアリングシャフト

（steering shaft） 図 **11·5** のように，ステアリングホイールとステアリングギヤをつなぐシャフトで，**ステアリングコラム**（steering column）に内蔵・保持されている．

ステアリングシャフトは，図 **11·6(a)** のように，自動車が衝突したときに運転者を保護するた

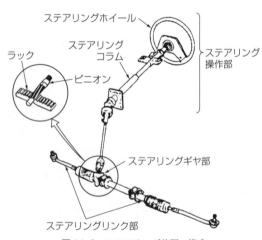

図 11·3 ステアリング装置の構成

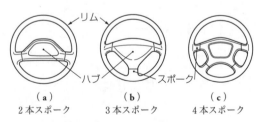

(**a**)　　　　(**b**)　　　　(**c**)
2本スポーク　3本スポーク　4本スポーク

図 11·4 ステアリングホイール

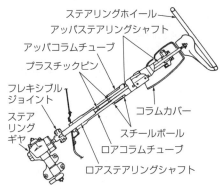

図 11・5 ステアリングシャフト

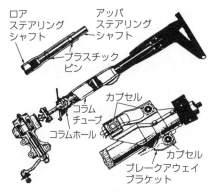

図 11・6 コラプシブルステアリング

め，衝撃吸収式が採用されている．この方式は，衝突時にステアリングシャフトが軸方向に圧縮・変形される方式で，**コラプシブルステアリング**（collapsible steering）と呼ばれている．

コラプシブルステアリングにはメッシュ式やボール式などがあり，図 **11・6** はメッシュ式で，衝撃を受けたとき，メッシュ状

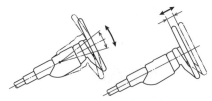

チルト　　　　テレスコピック
ステアリング　ステアリング

図 11・7 ステアリングの位置調整

のコラムチューブによりステアリングシャフトが縮まり，運転者を保護している．また，ブレークアウェイブラケットはプラスチック製のカプセルで，衝撃によってカプセルが破壊され，コラムチューブ（column tube）が縮むようになっているし，ロアステアリングシャフトにもプラスチックピンがあり，同様に運転者を保護している．

また，ステアリングホイールを運転者の姿勢に合わせて適切な位置に保つための機構として，図 **11・7** のように，傾斜角の調節ができる**チルトステアリング**（tillt steering）や，軸方向に伸び縮みの調節ができる**テレスコピックステアリング**（telescopic steering）などがある．

（3）　**ステアリングギヤ**（steering gear）　図 **11・8** のように，ステアリングシャフトの下部のギヤボックスに取り付けられている．

ステアリングギヤは，ステアリングが軽快に，すばやく安全に行なえるように，ステアリングホイールの回転数を減速してトルクを増大させるような減速比でできている．この減速比を**ステアリ**

図 11・8 ステアリングギヤボックス

ングギヤ比（steering gear ratio）といい，次式で表わされる．

$$\text{ステアリングギヤ比} = \frac{\text{ステアリングホイールの回転角}}{\text{ピットマンアームの回転角}} \tag{11・1}$$

いま，ステアリングホイールを90°回転させ，ピットマンアーム（pitman arm）が5°傾いたとすると，ステアリングギヤ比は18°となる．したがって，ステアリングギヤ比が大きいほどハンドル操作は軽くなるが，ハンドルを大きく回さなければならないので，すばやいステアリングができなくなる．このため，ステアリングギヤ比は，小型車で14〜18，中型車で18〜22，大型車で20〜26ぐらいである．

なお，ステアリングギヤには，次のような種類がある．

（ⅰ）**ラック-ピニオン形**（rack and pinion type）　図**11・9**のように，ステアリングシャフトの先端にあるピニオンがラックとかみ合っていて，ステアリングホイールを回すとピニオンが回転し，ラックを左右に動かし，フロントホイールに伝える機構である．

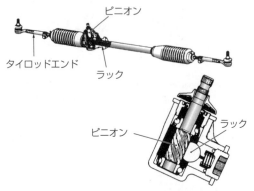

ピニオン
タイロッドエンド
ラック
ピニオン
ラック

図**11・9**　ラック-ピニオン形

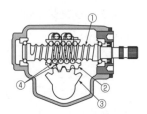

① ウォームシャフト
② ボールナット
③ セクタシャフト
④ ボール

図**11・10**　ボールナット形

（ⅱ）**ボールナット形**（ball nut type）　図**11・10**のような構造をしており，ステアリングシャフトの先端にある半円形の溝をもつウォームシャフト（worm shaft）とボールナット（ball nut）がボールを通してかみ合っており，ステアリングホイールを回すとウォームシャフトが回転し，ボールを通してボールナットに伝わり，ボールナットとかみ合っているセクタシャフト（sector shaft または pitman shaft）を回転させ，フロントホイールに伝えている．

（4）**ステアリングリンク**（steering link）　この機構は，ステアリングホイールの動きをフロントホイールに正確に伝えなければならないので，図**11・11**のように，ピットマンアーム，タイロッド（tie rod），ナックルアームなどから構成されている．

ピットマンアームは，ステアリングホイールの動きをステアリングギヤを通してタイ

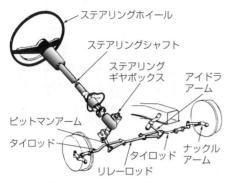

図 11·11 ステアリングリンク

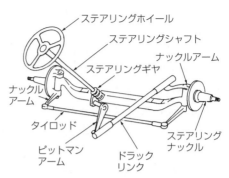

図 11·12 アクスルサスペンション式の
ステアリング装置

ロッドに伝えるもので，タイロッドは，ピットマンアームの動きを左右のフロントホイールに伝えている．トーイン（後述）の調整は，このタイロッドで行なう．また，**ナックルアーム**は，タイロッドとステアリングナックル（steering knuckle, steering spindle）とをつなぐもので，ステアリンクナックルはフロントホイールを取り付けるシャフトである．

図 11·12 に示すアクスルサスペンション方式は，ステアリングギヤとナックルアームの間をドラッグリンク（drag link）でつないでいる．

4. パワーステアリング

パワーステアリング（power steering）は，油圧でステアリングホイールの操作力を軽くしたもので，ステアリング装置に取り付けた倍力装置である．

パワーステアリングは，次の部分から構成されている．

① **油圧部（オイルポンプ）**
油圧を発生する部分．

② **作動部（パワーシリンダ）**
油圧によってステアリングホイールの操作力を軽くする部分．

③ **制御部（コントロールバルブ）** ステアリングホイールの操作力によって油圧やオイルの方向を制御する部分．

図 11·13 にパワーステアリングの構成の一例を示す．

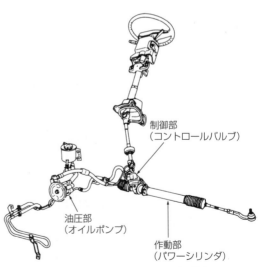

図 11·13 パワーステアリングの構成

（1） パワーステアリングの作動　図
11·14でステアリングホイールを操作する
と，バルブシャフト（valve shaft）に力が加
わり，タイヤの負荷（接地抵抗）によりトー
ションバー（torsion bar）がねじられる．こ
のため，バルブシャフトとバルブボデーとの
間にトーションバーがねじれた分だけの回転
変位が生じ，回転変位と回転方向がオイルポ
ンプからの油圧と回転方向を制御してパワー

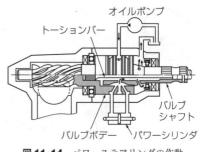

図 11·14　パワーステアリングの作動

シリンダ（power cylinder）を動かし，**アシスト力**（assist force）を発生させ，ステアリン
グギヤを通してフロントホイールの向きを変える．

　図11·15（a）のような直進状態では，左右のパワーシリンダに同じ圧力がかかるので，
アシスト力は発生しない．

　図（b）のように，ステアリングホイールを右に回すと，バルブボデー内のロータとスリー

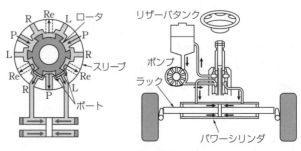

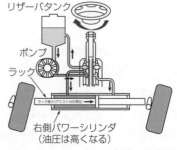

（a）　直進時

P：オイルポンプの油の
　　流入口
Re：リザーバタンクへ
R：右側パワーシリンダ
　　への流出入口
L：左側パワーシリンダ
　　への流出入口

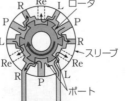

ラック推力
（アシスト力の発生）

右側パワーシリンダ
（油圧は高くなる）

フロントホイールは右に向きを変える

（b）　ステアリングホイールを右に回したとき

図 11·15　パワーシリンダの作動

ブの油路は，トーションバーでねじれが発生したことにより，ラック推力が必要な右側のパワーシリンダへの油路が開き，アシスト力が発生してフロントホイールは右側に向きを変える．

ステアリングホイールを左に回すと，図（b）と逆になり，フロントホイールは左側へ向きを変える。

（2） パワーステアリングの種類

（i） インテグラル形（integral
type） オイルポンプ，コントロールバルブがステアリングギヤボックス内に取り付けられた形式で，小さくまとまっているので，小型車から大型車まで広く採用されている．

（ii） リンケージ形（linkage type）
オイルポンプ，コントロールバルブがステアリングリンク部の途中に取り付けられた形式である．図 11·16 にリンケージ形パワーステアリングの構造の一例を示す．

5. 電子制御式パワーステアリング
図 11·17 に示した**電子制御式パワーステアリング**（electronically con-

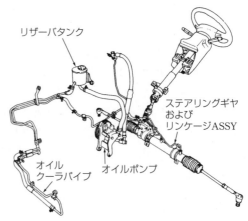

図 11·16 リンケージ形パワーステアリング

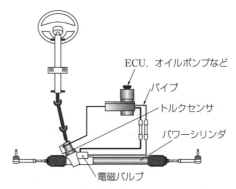

図 11·17 電子制御式パワーステアリング

trolled type power steering）は，車速に応じてコンピュータ制御される電磁バルブ（solenoid valve）によってパワーステアリングの油圧を変化させ，低速時は軽く，中速度以上では適度な操作力にする車速感応形のパワーステアリングである．

6. 4 ホイールステアリング
自動車のステアリングは，フロントホイールで行なわれるが，リアホイールも組み合わせてステアリングを行なうシステムも用いられてきている．フロントホイールだけがステアリングホイールであるシステムを **2 ホイールステアリング**（2 wheel steering：2 WS）といい，フロントホイールとリアホイールがステアリングホイールであるシステムを **4 ホイールステアリング**（4 wheel steering：4 WS）と呼ぶ．

4 WS は，次のような目的で採用されている．

① 低速走行時（ステアリングホイールの回転角が大きいとき）は，フロントホイールとリアホイールを逆向きにして（**逆相ステアリング**という），旋回の小回り性をよくする．

② 高速走行時（ステアリングホイールの回転角が小さいとき）は，フロントホイールとリアホイールを同じ向きにして（**同相ステアリング**という），高速での車線変更（lane change）や旋回時の安定性をよくしている．

4 WS の作動原理には種々あるが，その一例を説明すると，次のようになる．

一定の車速以上になると，コントロールユニット（control unit）から送られる信号によって電磁バルブが作動し，ステアリングホイールと連動した油圧がリアのパワーシリンダにかかり，リアサスペンションメンバ（rear suspension member）のインシュレータ（insulator）を変位させてリアホイールの向きを変えるようにしている．

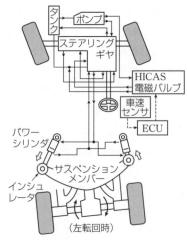

図 11·18 電子制御式 4 WS（左転回時）

図 **11·18** に電子制御式 4 WS の例を示す．

同図の HICAS（high capacity actively controlled suspension：**ハイキャス**）とは，ニッサンが開発した電子制御式 4 WS 機構のことをいう．

7. フロントホイールアライメント

自動車の走行中におけるステアリングホイールの操作は，スムーズに確実で安全に行なわれなければならない．また，旋回後，スムーズに直進状態へ戻る性質をもつことも要求される．このような性質をフロントホイールにもたせるためのフロントホイールの組立て姿勢のことを**フロントホイールアライメント**（front wheel alignment）という．

フロントホイールアライメントは，キャンバ，キャスタ，キングピンの傾き，トーインの 4 要素をいう．

なお，フロントホイールアライメントの目的をまとめると，次のようになる．

① ステアリングホイールの操作を軽くすること．

② ステアリングホイールを安定させること．

③ ステアリングホイールに復元力を与えること．

（1）キャンバ 自動車のフロントホイールは，走行中，荷重や路面衝撃などのために"たわみ"を起こし，左右両ホイールは互いに内側に傾こうとする傾向を生ずる．あらかじめこれを防ぐために，自動車のフロントホイールは，前からみるとホイールの上を外側

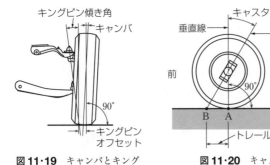

図 **11·19** キャンバとキング
ピンの傾き

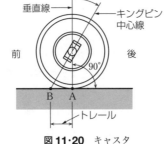

図 **11·20** キャスタ

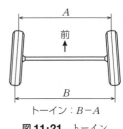

トーイン：*B*−*A*

図 **11·21** トーイン

に開くように取り付けられる．この鉛直線とフロントホイール中心線との傾き角のことを
キャンバ（camber）という（図**11·19**）．キャンバ角度は 1 ～ 2°程度である．このキャン
バ角度によってハンドル操作は軽くなる．

（**2**）　**キャスタ**　フロントホイールを横からみると，図 **11·20** のように，フロントホ
イールが向きを変えるときの旋回軸すなわち**キングピン**（king-pin）は，キングピンの中
心線の延長が路面にホイールが接する点よりも前方になるように取り付ける．このときの
キングピン中心線と鉛直線との角度のことを**キャスタ**（caster）と呼び，路面上での鉛直
線とキングピン中心線との距離を**トレール**（trail）という．自動車のキャスタは 2°くらい
である．

　キャスタは，自動車が前進するとき，フロントホイールを自動的に直進方向に戻す性質
〔**キャスタ効果**（caster effect）という〕を与えるもので，ステアリングホイールの操作を
容易にしている．

（**3**）　**キングピンの傾き**　図 **11·19** のように，前からフロントホイールをみたときの
鉛直線とキングピン中心線との傾き角のことを**キングピンの傾き**（king-pin angle）とい
い，6 ～ 8°くらいである．また，鉛直線とキングピン中心線との路面上における距離を**キ
ングピンオフセット**（king-pin offset）という．

　キングピンの傾きは，ステアリングホイールの操作力を軽くし，直進への復元力を与え
る作用がある．

（**4**）　**トーイン**　フロントホイールは，図 **11·21** のように，上からみると，前方が後
方よりも狭くなっている．この前後の寸法差（*B*−*A*）を**トーイン**（toe-in）という．車
種によってトーインは異なるが，3 ～ 7 mm くらいである．

　自動車は，走行中，キャンバを設けたために外側へ転がろうとする**トーアウト**（toe-
out）**現象**が生じるので，このトーインによって内側へ転がる性質をもたせて相殺し，直進
時の走行を安定させ，タイヤの異常摩耗（偏摩耗）を防いでいる．

11·2 走行装置

　走行装置は，図 **11·22** のように，ホイール（wheel）とタイヤ（tire）から構成されている．ホイールは金属製で，自動車の質量を支えながら駆動力や制動力，旋回時の横向きの力，路面からの衝撃に耐えている．

　タイヤは，ホイールにはめ込まれており，路面との摩擦力を大きくし，路面からの衝撃力を緩和するためにゴム製である．

1. ホイール

　ホイールは，図 **11·23** のように，タイヤをはめ込むリム，ホイールをアクスルに取り付けるためのハブ，およびリムとハブを結合する**ホイールディスク**（wheel disk）から構成される．ホイールは金属製であるが，材質によっておもに次のものがある．

図 11·22　ホイールとタイヤ

　①　軟鋼板でつくられている鋼板製ホイール（steel wheel）．

　②　軽量化やファッション性を高めたアルミニウムやマグネシウムなどの軽合金製ホイール（light alloy wheel）．

　③　ホイールディスク部がワイヤスポーク製のスポークホイール（spoke wheel）．

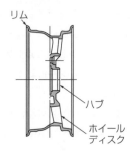

図 11·23　ホイール

2. タイヤ

　タイヤはゴム製である．自動車にゴム製の空気入りタイヤを用いたのは，1888 年，イギリスのジョン・ボイド・ダンロップ（J. B. Dunlop）である．その後，種々改良され，現在に至っている．

　ここでは，自動車用タイヤとして用いられている空気入りタイヤについて述べる．

　（1）　タイヤの構造　タイヤは，図 **11·24** のように，ゴム層，ブレーカ，カーカス，ビードから構成されている．

　ゴム層（gum）は，サイドウォール（side wall），ショルダ（shoulder），トレッド（tread）と分けられ，トレッドは直接路面と接する部分で，カーカス，ブレーカを保護し，耐久力を高めるようにできている．

　ブレーカ（breaker）は，トレッドとカーカスの間の層をいい，トレッドとカーカスの弾性の差が大きいので，中間の弾性をもつ層として，両者のはく離を防ぐとともに外部か

（a） 外観

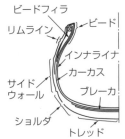

（b） 断面（各部の名称）

（c） 断面（チューブレスタイヤ
とチューブ付きタイヤ）

図11·24 タイヤ

らの衝撃を緩和している.

カーカス（carcass）は，タイヤの骨格であり，レーヨン，ナイロン，ポリエステル，スチールなどのコード（cord）をゴムで覆い，これをバイアス（bias：斜め）またはラジアル（radial：直角）に交互に何枚か張り合わせてできている．ゴムで覆われたコードの層のことをプライ（ply）という.

ビード（bead）は，タイヤをリムにはめ込む部分で，カーカスのエッジを形づくるために，内部にピアノ線を巻いたビードワイヤ（bead wire）と呼ばれる補強材を入れている.

表11·1 トレッドパターン

名称とパターン		特徴	用途	使用車両
リブ形 (rib type)		操縦安定性にすぐれる. 転がり抵抗が小さい. 低騒音である. 排水性にすぐれる. 横すべりが少ない.	舗装路・高速用	乗用車，小型トラック，トラック，バス
ラグ形 (lug type)		駆動力・制動力・けん引力にすぐれる. 耐カット性にすぐれる.	一般道路・非舗装路用	トラック，バス，小型トラック，建設車両，産業車両
リブーラグ形 (rib－lug type)		リブパターンとラグパターンの併用.	一般道路・非舗装路用	トラック，バス，小型トラック
ブロック形 (block type)		駆動力・制動力にすぐれる.	雪上・泥ねい地用，またはオールシーズン用	スノータイヤ，ラジアルタイヤ，オールウェザータイヤ．ただし，ラジアルタイヤは一般道路用

　タイヤチューブ（tire tube）は，タイヤの内側に入れられるもので，空気圧を保つ役目をしている．天然ゴムあるいはブチルゴム製が用いられている〔図 **11・24**（ **c** ）参照〕.

　（ **2** ） **トレッドパターン**　トレッドは直接路面と接する部分で，駆動力や制動力を確実に路面に伝え，横すべりを防ぎ，放熱や騒音の減少および乗り心地などの向上を図るため**トレッドパターン**（tread pattern）が取り付けられている．なお，よく "タイヤのグリップ（grip）がよい" などといわれるが，これは，タイヤの路面に対する把握性のよさを表わしている．

　トレッドパターンには，リブ形，ラグ形，リブ–ラグ形，ブロック形の四つの基本形があり，それぞれ表 **11・1** に示すような特徴をもち，使用されている．

　（ **3** ）　**タイヤの種類**　タイヤには，構造上から分類すると，次のような種類がある．

　（ **i** ）　**バイアスタイヤ**（bias tire）　図 **11・25** のように，カーカスのコードを斜め方向に交互に張り合わせた構造をしている．角度は 45°のものが用いられている．耐摩耗性は劣るが，柔軟性があり，乗り心地がよい．

　（ **ii** ）　**ラジアルタイヤ**（radial tire）　図 **11・26** のように，カーカスのコードを直角に交互に張り合わせた構造をしている．耐摩耗性，操縦安定性にすぐれているが，弾性が小さいため，乗り心地が多少低下する．

　このカーカスでは，タイヤ周方向の力を支えることができないので，ベルト層で補強している．

　なお，コードにスチールを用いたものを**スチールラジアルタイヤ**（steel radial tire）という．

　（ **iii** ）　**チューブレスタイヤ**（tubeless tire）　図 **11・24**（ **c** ）のように，チューブを用いず，タイヤの内面に空気を

図 11・25　バイアスタイヤ

図 11・26　ラジアルタイヤ

通さないブチルゴムをインナライナ（inner liner）として張りつけたものである．また，チューブレスタイヤは，釘などが刺さっても空気の急激な漏れがなく，チューブがないため重量も軽くなるなどの長所があり，乗用車を中心として広く採用されている．

　（ **iv** ）　**スノータイヤ，スパイクタイヤ，スタッドレスタイヤ**　スノータイヤ（snow tire）は雪道用で，グリップ力を高めるためにトレッド幅を広くし，溝も深くしたトレッドパターンをもつタイヤである．

　スパイクタイヤ（studded tire）は凍結した路面用で，トレッドに特殊超硬合金製のスパイクを埋め込んだタイヤである．現在は環境に関する法令で規制されている．

　スタッドレスタイヤ（studless tire）は，スパイクタイヤが路面を傷め，粉塵を巻き上げて社会的な問題を引き起こしていることから開発された凍結路面用のタイヤで，低温時

にも硬化しにくい粘着性の高いゴムを用い，排水をよくするためにトレッドの溝を深くしているタイヤである．

（4）**タイヤの分類と規格**　自動車用のタイヤは，日本では JIS，アメリカでは TRA（Tire and Rim Association），ヨーロッパでは ETRTO（European Tyre and Rim Technical Organization）などの規格をもとに製造されているが，各国ほぼ共通で，互換性をもたせている．

ここでは，乗用車用のタイヤについて説明する．

JIS 乗用車用タイヤは，表 **11・2** のように分類されている．ここで，表中の**偏平比**（aspect ratio）とは，次のことである．

図 **11・27** のように，タイヤの幅を W[mm]，タイヤの高さを H[mm] とすると，偏平比 A は

$$A = \frac{H}{W} \qquad (11\cdot2)$$

また，偏平率 A は

$$A = \frac{H}{W} \times 100 \ [\%] \qquad (11\cdot3)$$

で求められる．

表 **11・2** からわかるように，**バイアスタイヤ**はタイヤの幅と高さがほぼ同じであるが，**ラジアルタイヤ**は幅が広く，高さが低い．したがって，偏平比（偏平率）が小さいタイヤほど接地面積が広くなるので，路面に対するグリップがよくなる．

次に，表 **11・2** に示したタイヤのサイズについて説明する．

バイアスタイヤは，"5.60-13 4 PR" のように表示される（図 **11・28**）．

① 5.60：タイヤの幅［inch］

② 13：リム径［inch］

③ 4 PR：タイヤの強さを示す値．PR は**プライレーティング**（ply rating）のことで，4 PR とは，カーカスのプライ層が 4 という意味はなく，カーカスに用いられていた線コード（現在ではナイロンやポリエステルなど）の枚数に相当す

表 11・2　JIS による乗用車用タイヤ

	区分	偏平比	サイズ表示例
ラジアルプライ	50 シリーズ	0.50	195/50 R 15 81 V
	55 シリーズ	0.55	205/55 R 16 88 V
	60 シリーズ	0.60	205/60 R 15 89 H
	65 シリーズ	0.65	195/65 R 15 90 H
	70 シリーズ	0.70	185/70 R 14 87 S
	80 シリーズ	0.80	195/80 R 15 94 S
バイアスプライ	1 種	0.96	5.60−13 4 PR
	2 種	0.86	6.00−12 4 PR
	3 種	0.82	6.45−13 4 PR

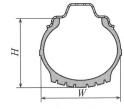

図 11・27　偏平比

図 11・28　タイヤのサイズ

る強さをもっているという評価値で, 線コード4枚の強さを示している.

"5.60−13 4 PR"の後に ULT と記されていれば軽トラック専用タイヤのことで, LT と記されていれば小型トラック専用タイヤのことである.

ラジアルタイヤは, "165 SR 13"とか"185/60 R 14 82 H"のように表示される.

① 165：タイヤの幅［mm］

② SR：R はラジアルタイヤ, S は速度区分記号（180 km/h 以下の高速に対応できる）.

③ 13：リム径［inch］

④ 185/60：タイヤの幅［mm］/偏平率［%］

⑤ R：ラジアルタイヤ

⑥ 14：リム径［inch］

⑦ 82：荷重表示記号（475 kg までの荷重に対応できる）

⑧ H：速度区分記号（210 km/h 以下の高速に対応できる）

（5） タイヤの特性　ホイールにタイヤを組み合わせたとき, その組合わせにアンバランスが生じると, 安全性の問題となり, 高速走行時には危険な状態になる. これを防ぐため, ホイールとタイヤをセットしたときに生じるアンバランスをなくし, 質量の静的・動的つりあいをとることを**ホイールバランス**（wheel balance）という.

（i） 質量上の静的なアンバランス　図 11・29 のように, ホイールにタイヤをはめ込んだとき, 円周上の1か所に重い部分 W があると, ホイールを回転させると常に W の部分が下にきて止まる. このような状態のことを**静的アンバランス**（static unbalance）という. この状態のまま自動車に取り付けて走行すると, ホイールは上下方向の振動を起こす原因となるので, ホイールの反対側に**ウエイトバランス**（weight balance）を取り付けてホイールバランスをとる（図中の W' 点）.

（ii） 質量上の動的なアンバランス　図 11・30 のように, 静的アンバランスが解消しても, 実際に走行すると振動が生じる場合がある. これは, ホイールの両面2か所に重い部分があると, 回転によって重い部分に遠心力が発生し, ホイールに横揺れが起こる. こ

図 11·29 静的アンバランス

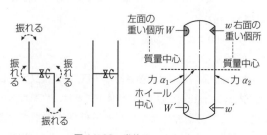

図 11·30 動的アンバランス

の状態のことを**動的アンバランス**（dynamic unbalance）という．この状態を解消するため，ホイールの両面の W', w' にそれぞれ W, w とつりあうウエイトバランスを取り付けてホイールバランスをとる．

（6） タイヤに生じる現象

（ⅰ） **タイヤの摩耗**　タイヤは，路面との間にすべりを生じ，このとき発生する摩擦力によってトレッドの表面は摩耗するが，これ以外にもタイヤの取扱い方や使用のしかたによっても摩耗を早めるので，そのおもなものを次にあげる．

①　**タイヤの空気圧**　空気が不足しても過多すぎても摩耗を早める原因になるので，つねに適正な空気圧を保つようにする．

②　**旋回時の速度**　旋回時の速度が大きいと，タイヤに働く横すべり力も大きくなり，摩耗を早める原因となる．このため，旋回時の速度はできるだけ減速する（旋回時のタイヤに働く力については **14 章**参照）．

③　**駆動と制動**　急激な発進や急制動はもちろん，制動が必要以上に行なわれるとタイヤの摩耗を早める．

④　**フロントホイールアライメント**　これが適正でないと，タイヤに異常な摩耗を生じる原因となるので，定期的に整備する．

⑤　**タイヤの特性**　タイヤの特性上，種々のホイールバランスをとっているが，ホイールバランスがくずれると，異常な摩耗が発生するので，不必要な取扱いをしないよう注意する．

（ⅱ）　**スタンディングウェーブ現象**　タイヤが回転すると接地部は変形するが，接地部をすぎると元の形に復元する．高速回転になると，タイヤ接地部の先端が路面に激しくぶつかるので，その衝撃波がタイヤ外周に伝わり，接地部後方のタイヤ外周が元の形に復元されず，この波の速さとタイヤの回転速度が一致すると，図 **11·31** のように波打つ状態になる．

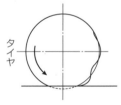

図 11·31　スタンディングウェーブ

このような現象を**スタンディングウェーブ**（standing wave）という．この現象が生じると，タイヤ内部は高熱となり，タイヤは破壊する．このため，高速走行時にはタイヤ空気圧を標準より 10 〜 15% くらい高くする．

（ⅲ）　**ハイドロプレーニング現象**　自動車が低速で走行するとき，水たまりがあっても，タイヤが水を押しのけるので問題はないが，水の溜まった路面を高速で走

（a） 初期

（b） 中期

（c） 浮き上がり

図 11·32　ハイドロプレーニング

行するときは，図 **11·32** のように，タイヤと路面との間に水がくさび状に入り込み，タイヤが路面から浮き上がり，水の上を滑走するような形になる．このような現象を**ハイドロプレーニング**（hydro planing）という．この現象が生じると，操縦不能や制動力がなくなり，危険な状態になる．

　この現象を防ぐには，摩耗の少ないタイヤや排水効果の高いタイヤを用いればよいが，一番の防止策は，水たまりを走行するときには速度を落とすことである．

（**iv**）　**フラットスポット**　自動車を長時間駐車しておくと，タイヤの路面に接地している部分が接地状態のまま変形し，走行し始めに振動を起こす．この現象を**フラットスポット**（flat-spot）という．しばらく走るとタイヤの温度が上がって変形がなくなり，改善される（タイヤと路面との間に働く力については **14** 章参照）．

12

アクスル，サスペンション装置，フレーム，ボデー

12·1 | アクスル，サスペンション装置

アクスル（axle）は，ホイールを取り付け，ボデーを支え，**サスペンション装置**（suspension system）によってボデーに連結されている．したがって，アクスルとサスペンション装置は路面からの衝撃に耐え，緩和できるものでなければならない．

アクスルとサスペンション装置の組合わせには，次のようなものがある．

① **リジッドアクスルサスペンション式**　左右のホイールが1本のシャフトに取り付けられ，サスペンション装置と組み合ってボデーに取り付けられる方式．

② **独立サスペンション式**　左右のホイールが独立した機構で取り付けられ，サスペンション装置と組み合ってボデーに取り付けられる方式．

1. フロントアクスルとサスペンション装置

（1）**リジッドアクスルサスペンション式**（rigid axle suspension type）　左右のフロントホイール（front wheel）が1本のフロントアクスル（front axle）に取り付けられ，サスペンション装置と組み合ってボデーに取り付けられる方式で，構造が簡単で，強さが大きいので，バス，トラックなどの大型車に用いられている．

フロントアクスルは，図 **12·1** のような構造で，両端のキングピン（king-pin）を通してステアリングナックルが取り付けられ，これにフロントホイールがはめ込まれる．

この方式は次のような種類がある．

（ⅰ）**平行リーフ形サスペンション**　図 **12·2** のように，**サスペンションスプリング**（suspension spring）に**リーフスプリング**（leaf spring：板ばね）を用いたもので，ばね下質量が大きいが，フロント

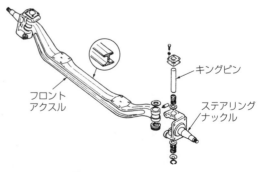

図 12·1 フロントアクスル

キングピン

フロントアクスル

ステアリングナックル

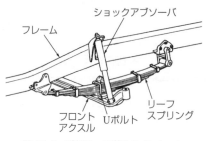

図 **12·2** 平行リーフ形サスペンション

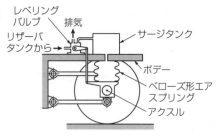

図 **12·3** エアスプリング形サスペンション

アクスルの取付けが容易で，構造が簡単である．

（ii） **エアスプリング形サスペンション** 図 **12·3** のように，サスペンションスプリングにエアスプリング（air spring）を用いたもので，路面からの衝撃の緩和がよいので，観光バスに用いられている．

（2） **独立サスペンション式**（swing axle suspension type） 左右のフロントホイールが独立した機構とサスペンション装置が組み合ってボデーに取り付けられる方式で，ばね下質量が軽く，車高も低く，路面の凹凸による振動が少なく乗り心地がよいので，乗用車を中心とした小型車に用いられている．

この方式には次のような種類がある．

（i） **ウィッシュボーン形サスペンション** 図 **12·4** のように，ウィッシュボーン形（wish-bone type）は，コイルスプリング（coil spring）とサスペンションアーム（suspension arm）を組み合わせたもので，図 **12·5** のように，アッパサスペンションアームがボデー，ロアサスペンションアームがフレームに取り付けられ，先端がボールジョイント（ball joint）でステアリングナックルに結合している．上下方向の力はコイルスプリング，前後・左右方向の力はサスペンションアームが受け止めている．

（ii） **ストラット形サスペンション** ストラット形（strut type）はマックファーソン形（Macpherson type）とも呼ばれ，

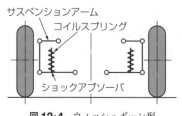

図 **12·4** ウィッシュボーン形サスペンション

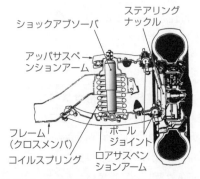

図 **12·5** コイルスプリング式によるウィッシュボーン形フロントサスペンション

独立サスペンション式はほとんどこの形式である．

図 **12·6** のように，ショックアブソーバを内蔵したストラット ASSY（assembly の略：複数の部品が組み合わされた構成部品のこと），コイルスプリング，ロアサスペンションアーム（lower suspension arm）などから構成されている．構造が簡単で，エンジンルーム内を広く使えるので，FF 車にこの方式が多く用いられている．

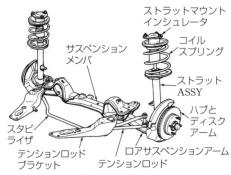

図 12·6 ストラット形サスペンション

2. リアアクスルとサスペンション装置

（1） リジッドアクスルサスペンション式

（ｉ） **リアアクスル**（rear axle） FR 車の場合，動力伝達装置の一部であり，車の後部の荷重を支え，エンジンの回転をリアホイールに伝える部分で，**アクスルシャフト**（axle shaft）と**リアアクスルケース**（rear axle case：後車軸管）から構成され，その中央にファイナルギヤが取り付けられている．

リアアクスルは，その荷重の支え方によって，半浮動式，3/4 浮動式，全浮動式がある．

（ａ） **半浮動式**（semi-floating type） 図 **12·7**（ａ）のように，リアアクスルケースとリアアクスルはベアリングを通して取り付けられ，また，リアアクスルの一端にハブが直接取り付けられる．リアアクスルは車両の荷重をほとんど負担するので，リアホイールの受ける衝撃・振動などはディファレンシャルギヤにまで影響する．しかし，構造および手入れが簡単なので，乗用車や小型トラックなどに用いられている．

（ｂ） **3/4 浮動式**（three-quarter floating type） 図（ｂ）のように，リアアクスルケースの端がハブの中に入り込み，その上のベアリングを通してハブに取り付けたもので，リアアクスルが負担する荷重はかなり軽減される．この方式は小型車などに採用されている．

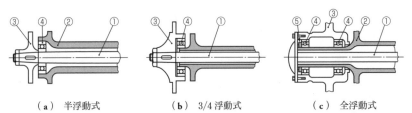

（ａ） 半浮動式　　　　（ｂ） 3/4 浮動式　　　　（ｃ） 全浮動式

① リアアクスル，② リアアクスルケース，③ ハブ，④ ベアリング，⑤ シーリング

図 12·7 リアアクスルの形式

（ c ）　**全浮動式**（full-floating type）
図（ c ）のように，リアアクスルケースが
ハブの外側まで入り込み，ベアリングで
支持されるので，荷重はすべてリアアク
スルケースで支えられ，リアアクスルに
はかからない．この方式はトラック，バ
スなどに多く用いられている．

（ii）　**リアサスペンション**（rear sus-
pension）　乗用車に用いられているコイ
ルスプリング式（図12・8），トラック，
バスに用いられている平行リーフスプリ
ング式（図12・9）やエアスプリング式
がある．

図12・9は平行リーフスプリングを用
いたときの構造を示したが，リアアク
スルケースはリーフスプリングの中央に
Uボルトで取り付けられ，リーフスプ
リングの両端はフレーム（またはボデー）
に取り付けられている．

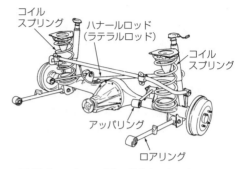

図**12・8**　コイルスプリング式リアサスペンション

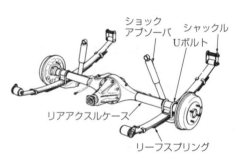

図**12・9**　平行リーフスプリング式リア
サスペンション

（ 2 ）　**独立サスペンション式**　リアアクスルの独立サスペンション式は，ファイナルギ
ヤをボデーの下部に固定し，左右のアクスルシャフトに動力を伝えながら左右のリアホ
イールが独立して上下運動を行なう．ばね下質量が小さくでき，床面も低くなるので，乗
り心地や**ロードホールディング**（road holding：タイヤと路面との接着安定性のこと）が
よくなり，室内面積も広くなるので，乗用車に用いられている．

この方式には次のような種類がある．

（ i ）　**スイングアクスル式**（swing axle type）　図12・10（ a ）のように，リアアクスル
シャフトがそのアクス
ルケースとともにユニ
バーサルジョイントを
中心に上下に揺動す
る．

（ii）　**トレーリング
アーム式**（trailing arm
type）　図（ b ）のよ

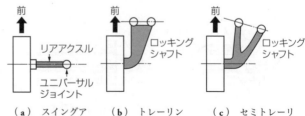

（ a ）　スイングア
クスル式

（ b ）　トレーリン
グアーム式

（ c ）　セミトレーリ
ングアーム式

図**12・10**　独立サスペンション式リアアクスル

に，フレーム（またはボデー）にロッキングシャフト（rocking shaft：揺動軸）の中心がリアアクスルの前にあるトレーリングアームを取り付け，上下の振動および衝撃はトレーリングアームとボデーの間にあるコイルスプリングで受けもっている．FF車のリアアクスル用サスペンション装置として用いられている．

（iii） セミトレーリングアーム式

（semi-trailing arm type） 図（**c**）のように，セミトレーリングアームを

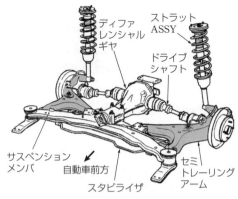

図 **12·11** セミトレーリングアーム式の構造

ロッキングシャフト中心に対して一定の角度で取り付けているので，衝撃などの緩和能力がよい．FR車のリアアクスル用サスペンション装置として用いられている．

図 **12·11** は，セミトレーリングアーム式の構造を示したものである．

3. サスペンション装置の要素

アクスルはボデーにサスペンション装置を通して連結しており，次のような種類がある．

（1） スプリング（spring） ばね鋼でつくられているが，形状によって次のようなスプリングが用いられている．

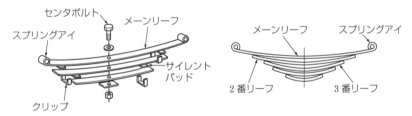

図 **12·12** リーフスプリングの構造

（i） リーフスプリング 図 **12·12** のように，帯状の鋼板を重ねてクリップ（clip）とセンタボルト（center bult）で止めたもので，エッジは，フレームとピン結合またはシャックル（shackle）結合される（図 **12·13**）．リーフスプリングを用いるサスペンション装置は，構造が簡単で，耐久性

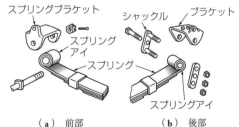

（**a**） 前部　　　　（**b**） 後部

図 **12·13** リーフスプリングエッジの構造

に富んでいる.

リーフスプリングは発進時や制動時の異常振動を防ぐために，センタボルトの位置をリーフの中心より前側に移動させた非対称スプリングである. また，大型のトラック，バスなどでは，積み荷によって後部のスプリングにかかる荷重が変わるので，これを防止するために，図

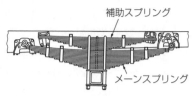

図12·14 2段スプリング

12·14のように，メーンスプリングの上に補助スプリングを載せた2段スプリングとし，重積載時に補助スプリングも作用して，乗り心地が悪くなるのを防いでいる.

（ⅱ） **コイルスプリング** 鋼線をコイル状にしたもので，リーフスプリングのように板と板との摩擦がなく，作用が柔らかいので，独立サスペンション式に用いられるが，横方向の力に弱く，アクスルを支持するためのリング（ring）機構が必要となるので，構造が複雑になる. 図12·15にコイルスプリングを示す.

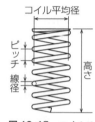

図12·15 コイルスプリング

（ⅲ） **トーションバー**（torsion bar） 図12·16のように，バーがねじられるときに生ずる弾性を利用したもので，バーの一端をフレームに固定し，他端は直角なトーションアームを通してホイールに連結し，ホイールが上下動すると，トーションアームによってトーションバーがトルクを受け，ねじり作用をさせている.

このトーションバーは構造が簡単で，取付けにも場所をとらないので，独立サスペンション式に用いられている.

（ⅳ） **エアスプリング** 空気を利用したスプリングで，スプリング特性が柔らかいため乗り心地がよい. 大型バスに用いられているが，圧縮空気をつくるコンプレッサや，荷重によって空気圧を自動的に調整するレベリングバルブ（leveling valve）などが必要となる. 図12·17にベローズ形（bellows type）とダイヤフラム形（diaphragm type）のエアスプリングを示す.

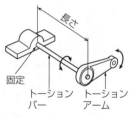

図12·16 トーションバー

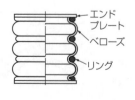

（a） ベローズ形

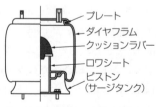

（b） ダイヤフラム形

図12·17 エアスプリング

（**2**） **スタビライザ**　自動車は，旋回時や路面の凹凸によってボデーの傾きが大きくなり，横揺れが起こりやすい．これを防ぐために，図**12·18**のような**スタビライザ**（stabilizer）という一種のトーションバーを取り付け，左右いずれかのホイールが上下に動いたとき，バーの受ける弾性によって反対側のホイールを同じ方向に動か

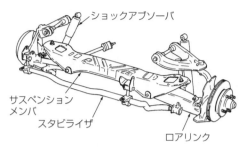

図12·18　スタビライザ

して自動車の傾きを防止し，横揺れを防いでいる．

（**3**）　**ショックアブソーバ**　路面から受ける衝撃はシャシスプリングによって緩和されるが，スプリングに生ずる振動は大きく長びくので，図**12·19**のような**ショックアブソーバ**（shock absorber）を取り付け，振動をすばやく吸収している．ショックアブソーバには，油圧式やオイルと窒素ガスを入れたガス封入式などがある．

図（**a**）に示したショックアブソーバは油圧式筒形ショックアブソーバで，作動は，図（**b**）のように，圧縮時にロッド（rod）が下げられ，下室のオイルはピストンのオリフィス（orifice）を通り上室へ流れるが，その一部はシリンダの外側に設けられたリザーバ（reserver）へ流出する．このとき生じる2か所での流通抵抗により圧縮時の減衰力が発生する．

また，伸長時は，ロッドが引き上げられ，上室のオイルはオリフィスを通り下室へ流れ，リザーバのオイルも下室に流れ込む．このとき生じる流通抵抗によって伸長時の減衰力が発生する．このように，筒形ショックアブソーバは，圧縮時・伸長時の両方で減衰作用を行なっている．

次に，レバー式ショックアブソーバを図**12·20**に示す．この形式は，ショックアブソーバにレバーとリンクロッドを組み合わせ，スプリングの上下運動をリンクロッド（link rod）を通してレバーの回転運動に変え，ショックアブソーバに減衰作用を生じさせて

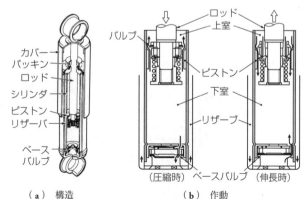

（**a**）　構造　　　　　　　（**b**）　作動

図12·19　油圧式筒形ショックアブソーバ

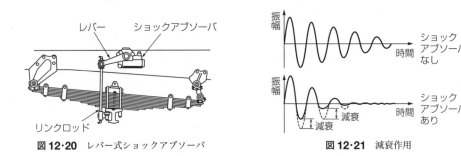

図12·20 レバー式ショックアブソーバ

図12·21 減衰作用

いる.

　なお，図**12·21**は，ショックアブソーバの有無による振動の減衰状態の違いを示したもので，ショックアブソーバの減衰効果の大きいことがわかる.

4. 電子制御式サスペンション

　電子制御式サスペンション（electronically controlled suspension）はエアスプリングとショックアブソーバから構成され，エアスプリングは，内部の空気圧の増減により車高調整とばね定数を変えることができ，ショックアブソーバは内部のモータにより減衰力の切り替えができる．電子制御式サスペンションは，これらの機能を電子制御によって自動的に切り替え，走行状態に合わせた操縦性，安定性および乗り心地性の向上を得ることができる.

　図**12·22**の電子制御式サスペンションは，車速センサ，ステアリング角センサ，車高センサなどから信号を受けたECUがエアコンプレッサやショックアブソーバ内のモータ

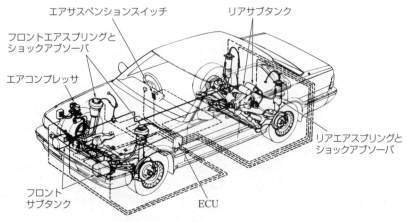

図12·22 電子制御式サスペンション

を作動させて空気圧を変え，低・中速走行時は車高を標準状態に保ち，高速走行時は車高を低くして走行安定性を確保している．また，ばね定数や減衰力を変えることにより，通常走行時は乗り心地を確保し，急加速，急制動，高速走行，スラローム走行時などには車両姿勢の安定性や操縦性を向上させて乗り心地も確保し，サスペンション効果を高めている．

　サスペンション効果（suspension effect）とは，路面からの衝撃を吸収して乗り心地をよくしたり，走行中の自動車の姿勢を安定させて操縦性をよくすることをいう．

12·2 | フレーム，ボデー

1. フレーム

　自動車は，**1**章で述べたように，基本的にはシャシとボデーから成り立っている．シャシは，それ自身で走行することが可能であるが，**フレーム**（frame）を骨格としており，エンジンをはじめとして走行に最低限必要な装置はフレームに取り付けられる．

　フレームは，走行中，種々の力を受けるので，軽量で剛性の高い熱間圧延鋼板でできており，次のような種類がある．

　① **H形フレーム**（H type frame）　図**12·23**（**a**）のように，2本のサイドメンバ（side member）と，これとクロスして連結するクロスメンバ（cross member）からできており，はしご形フレーム（ladder type frame）とも呼ばれている．このフレームは，強度があり，構造が簡単なことから，トラックなどに用いられている．

　② **ペリメータフレーム**（perimeter type frame）　枠形フレームとも呼ばれ，図（**b**）

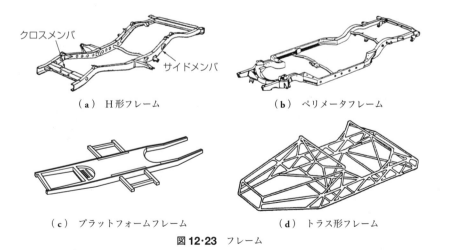

クロスメンバ	
サイドメンバ	

（**a**）　H形フレーム　　　　　　　　　（**b**）　ペリメータフレーム

（**c**）　プラットフォームフレーム　　　　（**d**）　トラス形フレーム

図 12·23　フレーム

のように，ボデーの外周に沿ってメンバを取り付けたフレームで，衝撃の吸収がよいので，大型車などに用いられている．

③ **プラットフォームフレーム**（platform type frame）　図(**c**)のように，ボデーの床面とフレームとを一体にした構造で，軽くて強いボデーとなる．

④ **トラス形フレーム**（truss type frame）　図(**d**)のように，鋼管を溶接して立体的に組み立てた構造をしていることから，**スペース形フレーム**（space type frame）とも呼ばれる．軽くて強度が大きいことから，スポーツカーなどに用いられている．

2.　モノコックボデー

モノコックボデー（monocoque body）はフレームがなく，鋼板で各部分をつくり，それらを組み立てたボデーにエンジンをはじめとした各装置を直接取り付ける．モノコックボデーにはボデーとシャシの区別がつかない単体構造である．乗用車はモノコックボデーでできている．

図 **12·24** にモノコックボデーの構造を示す．モノコックボデーは，軽量で強度が大きく，車高も低くでき，衝撃の吸収もよく，安全性が高く，生産性もよいが，騒音・振動の影響を受けやすい．

3.　ボデー

ボデー（body）は，自動車の各部を覆い，客室や荷台を設け，乗員に快適な環境を与える容器である．ボデーの材料には，亜鉛めっき鋼板や高張力鋼板などの特殊鋼板が多く使われているが，最近，軽量化を図るためにアルミ合金製のボデーも用いられている．また，ボデーの一部にプラスチック材も多く使われ，リサイクルなどの社会問題にも対応できるよう工夫されている．

ここでは，乗用車のボデーについて取り上げる．

（**1**）　**メーンボデー**（main body）　フロントボデー

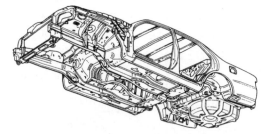

図 12·24　モノコックボデー

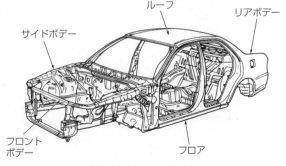

図 12·25　メーンボデー

(front body)，サイドボデー（side body），リアボデー（rear body），フロア（floor），ルーフ（roof）などに分かれ，図**12·25**のような基本構造をしている．

　メーンボデーは，ボデーの骨格であり，荷重を支え，振動や衝撃に充分耐えなければならない．

　（**2**）　**ボデーの外装**　メーンボデーに取り付けられ，自動車を形づくり，それぞれの役割を果たしながら自動車のスタイルを表現している．おもな外装品には，次のようなものがある．

　（ⅰ）　**バンパ**（bumper）　自動車が衝突したときボデーを保護するためにつけられるもので，鋼板製のものとプラスチック製のものがある．また，安全性を向上させることから，衝撃吸収機能をもったバンパが広く採用されている．図**12·26**にバンパの一例を示す．

　（ⅱ）　**ラジエータグリル**（radiator grille）　フロントボデーに取り付けられ，ラジエータを保護している．図**12·27**にラジエータグリルの一例を示す．

　（ⅲ）　**フード**（hood）　エンジンなどを保護するためにフロントボデーに取り付けら

（**a**）　フロント

（**b**）　リア

図**12·26**　バンパ

図**12·27**　ラジエータグリル

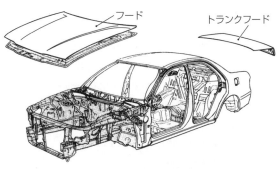

図**12·28**　フード

れる．図**12·28**に前開き式のフードの一例を示すが，運転席からリモートコントロールワイヤ（remote control wire）で開けることができる．

　（ⅳ）　**ドア**（door）　メーンボデーにヒンジ（hinge）で取り付けられている．ヒンジドアに比べて開放感があり，乗り降りがしやすい**スライドドア**（slide door）も多く用いられてきている．ロック機構をもっており，キー（key）またはノブ（knob）によって施

錠・解錠ができる．次のような種々の機能をもつ自動車がある．

① **電磁式ドアロック**（electro-magnetic type door lock）**機構** すべてのドアの施錠・解錠が運転席でできる機構．

② **チャイルドプルーフ**（child proof）**機構** 子供のいたずらでドアが開くことを防ぐ機構．

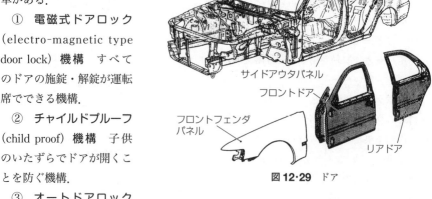

図12·29 ドア

③ **オートドアロック**（automatic door lock）**機構** 一定速度あるいは一定時間後に自動的に施錠する機構．

④ **ワイヤレスドアロック**（wireless door lock）**機構** マスタキーに内蔵した送信機によって施錠・解錠ができる機構．

図**12·29**にドアの一例を示す．

（**v**） **ウインドガラス**（window glass） 自動車の視界の確保や採光，窓の開閉などのために取り付けられているが，安全性を高めるため，破損しにくい安全ガラスを使用することが法令で義務づけられている．

安全ガラスには，次のようなものがある．

（**a**） **合わせガラス**（laminated glass） 2枚の板ガラスの間にプラスチックをはさんだ3層からでき上がっているので，破損しても破片が飛び散らない．自動車のフロントウインドガラス（front window shield glass）に用いられる．

（**b**） **強化ガラス**（tempered glass） 板ガラスを熱処理して外力や温度変化に対する強度を増したガラスで，破損したときに破片が細かくなるようにしてある．自動車のフロントウインド以外に用いられている．

（**c**） **そのほかのガラス**

① **熱線式ガラス** 粉末状にした金属を線状に塗って焼付けしたガラスで，電流を通して防曇・防霜の役目をするので，リアウインドガラスに多く用いられている．

② **上面ぼかしガラス** 合わせガラスの中間膜の上部を着色したもので，直射日光をさえぎる役目をするガラスである．

③ **UVカットガラス** 紫外線の通過を減らし，紫外線による日焼け防止や内装の劣化などを防いでいる．

④ **その他のガラス** 断熱ガラス，プライバシーガラス，遮音ガラスなど，さまざまな機能をもつガラスも用途に応じて用いられている．

（vi）　その他の部分

① **フェンダ**（fender）　ボデーの左右にホイールを覆うように取り付けられており，自動車のスタイル上からも大切である（図 **12・29** 参照）．

② **エプロン**（apron）　ボデーに取り付けられ，ラジエータへ空気を導いたり，ボデー下部の空気の流れをコントロールしている．

③ **トランクフード**（trunk hood）　自動車後部の荷物入れを覆うもので，キーおよび運転席からリモートコントロールワイヤで開けることができる（図 **12・28** 参照）．

（3）　ボデーの内装　居住性，運転性，安全性，防音性などの向上を図るようにつくられている．ボデーの内装は，図 **12・30** のように，インストルメントパネル，シート，ドアトリム，カーペット，アクセサリなどからなっている．

（i）　インストルメントパネル（instrument panel：**インパネ**）　図 **12・31** のように，運転者が計器の確認やスイッチの操作を行なう部分で，計器やスイッチが見やすく，動かしやすい位置にあり，しかも充分な強さをもつ必要もある．また，衝突時における安全性

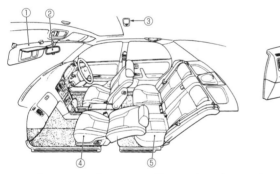

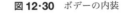

①	サンバイザ	⑤	ベンチシート	⑨	オーディオ装置
②	ルームミラー	⑥	インパネ	⑩	シフトレバー
③	ルームライト	⑦	ステアリングホイール	⑪	コンソールボックス
④	セパレートシート	⑧	エアコントロールシステム	⑫	ドアコントロール

図 **12・30**　ボデーの内装

図 **12・31**　インストルメントパネル

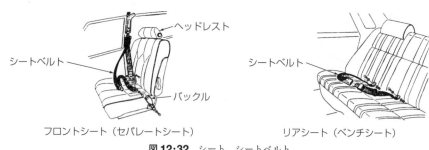

フロントシート（セパレートシート）　　リアシート（ベンチシート）

図 12·32 シート，シートベルト

も考慮されなければならず，デザイン上からも重要な部分である（**13 章**参照）．

（**ii**）　**シート**（seat）　図 **12·32** のように，**セパレートシート**（separated seat）と**ベンチシート**（bench seat）とがある．セパレートシートには**シートバック**（seat back）と**ヘッドレスト**（head rest）が分離した**ローバックシート**（roback seat）や，乗員の身体を包み込むような**バケットシート**（bucket seat）などがある．

運転者用のシートは，運転しやすさを調節できるようにした**シートスライド**（seat slide）**機構**や**リクライニング**（reclining）**機構**をもたせている．また，乗員の乗降を楽にした**回転シート**（rotation seat）もある．

なお，シートには，図 **12·32** のように，乗員の安全性を確保するために，**シートベルト**（seat belt）がつけられている．

シートベルトには，衝撃を感知すると同時にベルトを強く巻き込んでシート側へ乗員を引き込む**ラッププリテンショナー**（wrap pretensioner）や，そのラッププリテンショナーで一端強く巻き取られたベルトを少し緩めることで胸部の圧迫を緩和する**ロードリミッター**（load limiter）などの安全構造ももたせている．

13

電装品

　自動車が安全で快適な環境で走行するため，点灯装置や各種の電装品が必要である．点灯装置や電装品の電源は，停止中や始動時はバッテリで，走行中は充電装置である．

13·1 　点灯装置

　自動車の**点灯装置**（lighting device）には，次のような電球（light bulb）が用いられている．図 **13·1** に自動車のおもなライト類を示す．

1. ヘッドライト（head light）
　夜間，自動車の前方を照らすもので，法令によって決められた光度以上の能力をもち，すれ違い時にビーム（beam：光線）を切り替える機能ももっている．**ロービーム**は約 40 m 前方を照らし，**ハイビーム**は約 100 m 前方を照らすことができる．

　ヘッドライトには，バルブ（電球）の数から 2 灯式と 4 灯式，ライトの構造からシールドビーム型（sealed beam type）とセミシールドビーム型（semi-sealed beam type）がある．

　図 **13·2**（ a ）はシールドビーム形のフィラメントバルブのヘッドライトで，いままで自

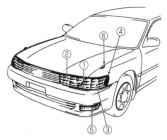 

① ヘッドライト，② フォグライト，③ クリアランスライト，④ ターンシグナルライト（サイド），⑤ ターンシグナルライト（フロント），⑥ フェンダマーカライト

（a） フロント側

① ターンシグナルライト（リア），② ストップライト，テールライト，③ ライセンスプレートライト，④ バックアップライト，⑤ ハイマウントストップライト

（b） リア側

図 13·1 自動車のライト類

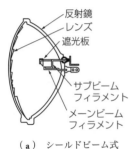
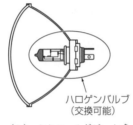

（**a**） シールドビーム式 （**b**） セミシールドビーム式

図13・2 ヘッドライト

図13・3 ハロゲンバルブ

動車に用いられてきたが，タングステンの蒸発・消耗によるフィラメントの黒化現象の防止用にアルゴンガスを封入するためヘッドライトが分解できないようになり，使われなくなった．図（**b**）はハロゲンバルブを用いたセミシールドビーム形のもので，現在，自動車のヘッドライトに多く採用されている．ハロゲンバルブ内をハロゲンガスで封入し，黒化現象を防いで寿命を伸ばし，バルブの交換も可能である．

図**13・3**にハロゲンバルブの構造を示す．バルブ内にはハロゲンガスが高圧封入され，ロービームとハイビーム専用のフィラメントで構成されている．

また，LED（light emitting diode：発光ダイオード）を用いた**LEDヘッドライト**や，メタルハライドランプ（metal halide lamp）などの**HID**（high-intensity discharge：放電現象を利用して発光）バルブを用いた**ディスチャージヘッドライト**（discharge head light：放電式ヘッドライト）と呼ばれる新しい光源も使われてきている（後者はメーカーによってHIDヘッドライト，キセノンヘッドライトなどとも呼ばれている）．

2. その他のライト

① **フォグランプ**（fog light） 霧中などの走行時の照明用ライトである．

② **バックアップライト**（back-up light） 自動車のリバース時に後方の車両などに知らせると同時に，後方の照明用ライトである．

③ **パーキングライト**（parking light） 駐車中を知らせるライトである．

④ **ライセンスプレートライト**（license plate light） ナンバープレートの照明用のライトである．

⑤ **テールライト**（tail light） 自動車の後部を後方に知らせる照明用ライトである．

⑥ **ターンシグナルライト**（turn signal light） 自動車の左折や右折など進行方向をライトの点滅で知らせる．ライトの点滅は，IC（集積回路）式やトランジスタ式，コンデンサ式，電磁熱線式などの作動ユニットからの指示で行われる自動点滅式（flasher type）である．図**13・4**にIC式回路図を示す．

ターンシグナルライトはフラッシャ（flasher），ウインカ（winker）などとも呼ばれて

いる．また，故障などの非常時に前後左右のシグナルライトを点滅して停車を知らせる非常表示点滅灯（hazard warning light）の回路として兼用されている．

⑦ **ストップライト**（stop light） ブレーキペダルを踏むと後方に制動状態を知らせるライトで，テールライトと兼用している．

⑧ **クリアランスライト**（clearance light） 夜間，自動車の車幅を知らせるライトである．

自動車には上記以外にも，安全性などの観点からフェンダーマーカライト，ハイマウントストップライトなども取り付けられている．

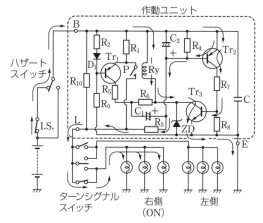

図 13·4 ターンシグナルライトの IC 式回路図

13·2 計器類

計器類は，自動車の運転中の速度など，種々の状況が容易に確認できるようインストルメントパネル（instrument panel：**インパネ**）に取り付けられている．計器の表示方法には計器やゲージで表わすアナログ方式と，数字やグラフで表わすデジタル方式があり，計

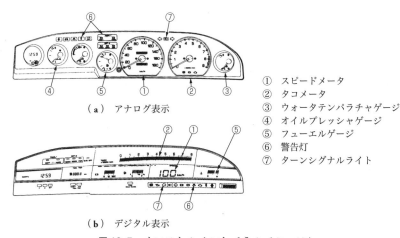

（**a**） アナログ表示

① スピードメータ
② タコメータ
③ ウォータテンパラチャゲージ
④ オイルプレッシャゲージ
⑤ フューエルゲージ
⑥ 警告灯
⑦ ターンシグナルライト

（**b**） デジタル表示

図 13·5 インストルメントパネル（インパネ）

器などの代わりにライトで知らせる**ウォーニングライト**や，音声で知らせてくれる**ボイスウォーニング**（voice warning）もある．

図**13·5**に，アナログ表示とデジタル表示のインパネを示す．

1. スピードメータ

スピードメータ（speed meter）は，自動車の速度を1時間当たりの走行距離［km/h］（時速）で表示している．全走行距離を表わす**オドメータ**（odometer）と区間距離を測る**トリップメータ**（trip meter）が組み合わされている．

図**13·6**に示すアナログ表示式のスピードメータは，トランスミッションに取り付けられたスピードセンサが車速をとらえ，パルス信号に変換してスピードメータユニットに送り，パルス信号は電流信号に変換される．この電流により交差コイルがマグネット回転子を回転させて指針を動かし，車速をメータ上に示す．

交差コイルとは，マグネット回転子の外側のコイルを90°ずらして巻いたもので，コイルに流れる電流の強さによってできる磁界の合成力により回転子を回転させる働きをしている．

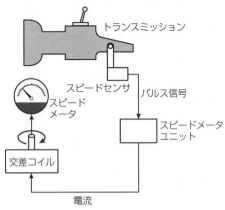

図13·6 スピードメータ（アナログ式）

なお，デジタル表示のスピードメータは，ケーブルシャフトの回転をスピードセンサで電気信号に変えてスピードメータユニット内で演算し，パネル上に車速をデジタル表示している．

2. タコメータ

タコメータ（tachometer）は，エンジンの毎分回転数［rpm］（revolutions per miunete）を示す計器で，パルス方式が多く用いられている．パルス方式は，ディストリビュータのコンタクトポイントがエンジンの回転数に比例して断続されることを利用し，接点が閉じるとコンデンサに電流が充電され，開くと放電される特性をパルス信号に変換して回転数を表示している．なお，表示にはアナログ式とデジタル式がある．

3. ウォータテンパラチャゲージ

ウォータテンパラチャゲージ（water temperature gauge）は，エンジンの冷却水の温度を知る計器で，センダ部（sender：送信部）とレシーバ部（receiver：受信部）とからなり，バイメタル式とサーミスタ式がある．

図**13·7**は，サーミスタ式水温計の回路図を示したもので，サーミスタ式センダユニッ

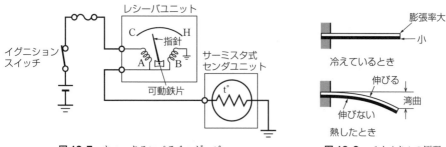

図 13·7 ウォータテンパラチャゲージ　　　　**図 13·8** バイメタルの原理

トとコイル式レシーバユニットからなっている．**サーミスタ**（thermistor）とは，温度変化を電気抵抗値に変換する半導体の一種である．サーミスタ式センダユニットを冷却水の中に入れたとき，冷却水温度［t°］をサーミスタで電気抵抗値に変えてコイル式レシーバユニットに伝えるとAコイルを通ってアースする回路とBコイルを通る回路の2路に発生する磁力によって可動鉄心が指針を動かし，水温を指示する．

　バイメタル式はサーミスタの代わりにバイメタルを用いたものである．なお，**バイメタル**とは，図13·8のように異種の金属を2枚張り合わせ，熱を加えると，2種の金属は膨張率が違うので湾曲する．この湾曲の程度が温度によって違うことを利用している．

4. オイルプレッシャゲージ

　オイルプレッシャゲージ（oil pressure gauge）は，エンジンの潤滑油の油圧を示す計器で，図13·9のように，センダ部とレシーバ部に分かれている．

　センダユニット内のバイメタルは，油圧の変化によって湾曲の程度を変えるので，この変化を電流に置き換えてレシーバユニットに伝える．レシーバユニットのバイメタルは，電流の強さによって湾曲の程度を変えて指針を動かし，油圧を表示する．このとき，油圧が低すぎると，油圧計のワーニングライト（またはワーニングボイス）が警告するようになっている．

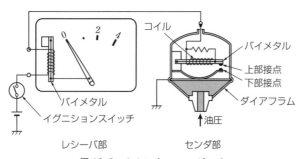

図 13·9 オイルプレッシャゲージ

5. フューエルゲージ

フューエルゲージ（fuel gauge）は，燃料タンク内にある燃料の量を示す計器である．

図**13·10**はコイル式フューエルゲージの構造および作用を示したもので，抵抗式のセンダ部とコイル式のレシーバ部からできている．

目盛り板のE（end）はタンク内の燃料が空量，F（full）は満量であることを示す．イグニションスイッチを入れると，バッテリからの電流は，Aコイルと抵抗を通ってアー

図 13·10 コイル式フューエルゲージ

スする回路と，Bコイルを通ってアースする回路の2路を通る．タンク内の燃料が空になってフロートが下がると，電流は抵抗を通らないから，Bコイルには電流は流れない．したがって，Aのマグネットだけが強く磁化され，その磁力によってキーパ（keeper）はAへ吸引され，指針はEへ振れる．

また，タンク内に燃料が入ってフロートが点線のように浮き上がると，電流は抵抗を通るから，Bコイルにも電流が流れてBを磁化し，キーパを吸引して指針はFへ振れ，タンク内の燃料の量を指示する．

センダ部には抵抗式やバイメタル式が，レシーバ部にはコイル式やバイメタル式などが使われ，これらを組み合わせて各種のフューエルゲージができ上がっている．

6. 警告灯

インパネやその付近に警告を指示する各種の**ウォーニングライト**（warning light）や**ボイスウォーニング**（voice warning）が取り付けられている．おもなものを次にあげる．

① **オイルウォーニングライト**（oil warning light）　油圧が規定以下になったことを知らせる．

② **チャージライト**（charge light）　バッテリの充電不足を知らせる．

③ **フューエルレベルライト**（fuel level light）　燃料の量が規定以下であることを知らせる．

④ **シートベルトウォーニングライト**（seat belt warning light）　シートベルトが装着されていないことを知らせる．

⑤ **エアバッグウォーニングライト**（airbag warning light）　エアバッグの制御システムの不具合や異常があることを知らせる．

⑥ **ブレーキウォーニングライト**（brake warning light）　ハンドブレーキの作動中やフットブレーキに異常があることを知らせる．

⑦　ABS ウォーニングライト（ABS warning light）　ブレーキの ABS（antilock brake system）に異常があることを知らせる．

⑧　エンジンウォーニングライト（engine warning light）　エンジン制御システムに異常が発生したことを知らせる．

13·3 ワイパ，ホーン，ミラー

1.　ワイパ

ワイパ（wiper）は，降雨時や降雪時に運転者の視野を確保をするのもので，**ウインドクリーナ**（window cleaner）とも呼ばれ，電気式，バキューム式，圧力式などの作動方式がある．ここでは，電気式について説明する．

電気式のワイパは，図 **13·11** のように，ワイパモータ（wiper motor）の回転をリンク機構で往復円弧運動に変えてワイパブレード（wiper blade）を作動している．このワイパブレードは，どの位置にあっても，スイッチを切ると始めの位置に自動的に戻る**ワイパオートストップ機構**にもなっており，その作動を次に説明する．

図 **13·12** は，ワイパオートストップ機構の回路図で，ワイパスイッチ S_W を入れると，電流は（＋2）を通ってモータの界磁コイルへ流れ，スイッチ S_1 を閉じる．電流は（＋1）からアーマチュアに流れ，モータは回転し，ワイパブレードが作動する．

停止させるときは S_W を切るが，電流はスイッチ S_2 を通って界磁コイルに流れているので，アーマチュアと同一回転しているカムも回り，カムが S_2 を開くまでモータも回り続けるので，ワイパブレードは，どこの位置にあっても始めの位置に戻る．

小雨のとき，数秒間に一度の割合でワイパが作動する間欠式機構や，ガラス面を洗浄するための洗浄液を噴射する**ウインドウォッシャ**（window washer）などの装置も取

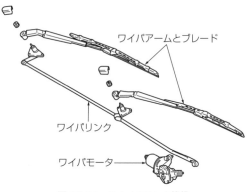

図 13·11　ワイパのリンク機構

ワイパアームとブレード

ワイパリンク

ワイパモータ

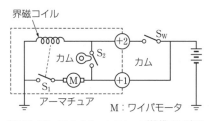

界磁コイル

カム　S_2

カム

S_1　S_W

（＋2）

（＋1）

M

アーマチュア

M：ワイパモータ

図 13·12　ワイパオートストップ機構の回路図

り付けている.

なお，**コンシールドワイパ**（concealed wiper）といって，ボデーの一部にワイパをしまい込んで前方の視界を確保し，デザイン的にも効果を高めるものが多く用いられている.

2. ホーン

ホーン（horn）には電気式とエア式（振動式）のものがある．図**13·13**のエア式ホーンでは，ステアリングホイールのホーンサウンダ（horn sounder）を押すと，ターミナルから電流がコンタクトポイント，コイル，もう片方のターミナルへ流れてポールが電磁石になり，シャフトを引き寄せる．そのため，ダイヤフラムがへこみ，シャフト

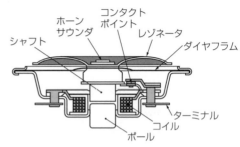

図**13·13** エア式ホーン

はポールに当たって振動が発生し，シャフトからレゾネータに伝わって増幅され，音響が発生する．シャフトがポールに引き寄せられると，コンタクトポイントが開いて電流が遮断される．ホーンサウンダを押し続けると，振動作用が繰り返し行なわれて音響を出し続ける.

なお，大型車だけでなく小型車にも**バックブザー**（back buzzer）が取り付けられ，リバースのとき，バックアップライトとともにリバースを他車および歩行者に知らせている.

3. ミラー

ミラー（mirror）には，**アウタミラー**（outer mirror）として，取付け位置によってドアミラー（door mirror）とフェンダミラー（fender mirror）があり，**インナミラー**（inner mirror）としてはルームミラー（room mirror）がある.

アウタミラーは，ミラーの角度調整を車室内からリモートコントロールできる電動ミラー（electronic mirror）である.

13·4 | カーエアコンディショナ

自動車には，室内を季節に合わせて快適な運転状態をつくり出す装置として，**カーエアコンディショナ**（car air conditioner：空調装置）が設けられているが，コンピュータによって自動的にその調節を行なう**オートエアコンディショナ**（auto air conditioner，略して auto air-con.）が主流である.

カーエアコンディショナは暖房装置，冷却装置，空気清浄装置で構成されている．暖房装置は，エンジンで暖められた冷却水の一部をヒータ部に流し込み，暖められた空気をつ

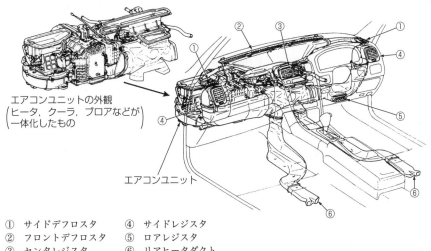

エアコンユニットの外観
$\left(\begin{array}{l}\text{ヒータ，クーラ，ブロアなどが} \\ \text{一体化したもの}\end{array}\right)$

エアコンユニット

① サイドデフロスタ　④ サイドレジスタ
② フロントデフロスタ　⑤ ロアレジスタ
③ センタレジスタ　⑥ リアヒータダクト

図 13·14 カーエアコンディショナ

くる装置で，冷却装置は圧縮機から送られてきた冷媒ガスをコンデンサ部で冷却・液化してクーラ部に送り込み，冷された空気をつくる装置であり，これらの装置でつくられた温風と冷風は，エアコンユニットで適正な温度に混合・調整され，室内へ吹き出される．また，空気清浄装置は，車内の汚れた空気を清浄し，快適な環境をつくり出している．

図 **13·14**にカーエアコンディショナの一例を示す．

14

自動車の性能

14·1 タイヤと路面との間に働く力

　自動車が走行するときに受ける抵抗として**走行抵抗**（running resistance）があり，直進の場合は転がり抵抗，駆動力，制動力が作用し，曲進の場合はそれにコーナリングフォースが加わる．ここで，これらの力について説明する．

1. 転がり抵抗

　転がり抵抗（rolling resistance）は，タイヤが路面上を転がることによって起こるすべての抵抗の和で，タイヤ，路面の凹凸，ホイールベアリングのすべり摩擦などが原因となる．

　いま，自動車の総質量を W [kg]，転がり抵抗係数を μ_r とすると，転がり抵抗 R_r [N] は

$$R_r = \mu_r g W \qquad (14 \cdot 1)$$

で求められる．ここで，g：標準重力加速度である．

　表 14·1 は，路面の状態における μ_r の値を示したものである．また，転がり抵抗係数は，同じ路面を走行しても，空気圧や車速によって図 14·1 のように変化する．

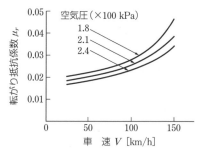

図 14·1 転がり抵抗係数（タイヤ圧と車速の関係）

表 14·1 転がり抵抗係数（μ_r）の値（空気入りタイヤ）

路面の状態	μ_r の値	路面の状態	μ_r の値
良好平滑なアスファルト道路	0.01	手入れのよい未舗装道路	0.04
良好平滑なコンクリート道路	0.011	手入れ不良の簡易な石混り道	0.08
一般のアスファルトまたはコンクリート道路	0.015	新設の固まらない砂利道	0.125
		砂道	0.165
良好な木れんが道路	0.015	乾いた粘土質の自然道	0.25
良好な敷き石道路	0.025	―	―

2. 駆動力, 制動力

自動車が走行したり, 減速したりするための力は, タイヤと路面との間に働く摩擦力 (frictinal force) によって生じる. 図 **14·2** のように, 摩擦力がタイヤの進行方向と同じ向きに働いた場合には**駆動力** (driving force) が生まれ, タイヤの進行方

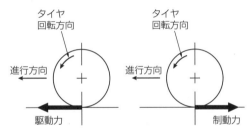

図 14·2 摩擦力 (駆動力と制動力)

向と反対の向きに働いた場合には**制動力** (braking force) が生まれる.

この駆動力や制動力の大きさは, タイヤと路面との接地状態によって変わるが, タイヤが路面上を転がっているときは大きくなり, タイヤが路面上をすべっているときは小さくなる.

いま, 車速を V, タイヤの周速度を V_t とすると, すべり比 (slip ratio) S は

$$S = \frac{V - V_t}{V} = 1 - \frac{V_t}{V} \tag{14·2}$$

で求められ, この式から, 次のようにすべりの状態をとらえることができる.

駆動時は, $V < V_t$ であるから $S < 0$ となり, すべりが生じないから, タイヤは路面上を転がっているため摩擦力の発生が大きくなり, 駆動力も大きくなる. また, 制動時は, $V > V_t$ であるから $S > 0$ となり, すべりが発生していることがわかる.

とくに急制動時は $V \gg V_t$ となるので $S \fallingdotseq 1$ となり, タイヤが回転しないで路面上を滑走している状態を示している. この状態を "タイヤがロックされた状態" といい, 摩擦力が急激に減少するので, 制動力も小さくなる.

3. コーナリングフォース

自動車が曲進する場合, 旋回 (cornering) はステアリングホイールを切ることで始まる. 自動車が走行しているとき, ステアリングホイールを切ると, 路面を転動しているタイヤには遠心力が働くため, 図 **14·3** のようにタイヤは変形し, タイヤ中心と接地面の中心にずれが生じ, **横すべり** (side slip, skid) が発生する. この横すべりに対して, タイヤを元の形に戻そうとする内側に向いた反力, すなわち**コーナリングフォース** (cornering force) が生じる. このコーナリングフォースによって, 自動車は旋回運動が可能となる.

図 **14·4** は, 自動車が旋回運動している, ある瞬間の運動を示したものである. 図からわかるように, タイヤの回転方向とその瞬間における進行方向とにはずれが生じる. このずれ

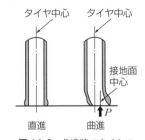

図 14·3 曲進時のタイヤの変形

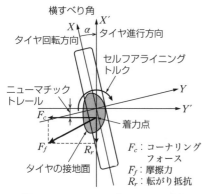

図14・4 コーナリングフォースの発生

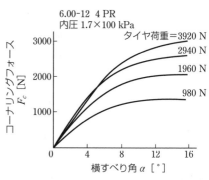

図14・5 コーナリングフォースとタイヤ荷重

を**横すべり角** (side slip angle) といい (α で表わす), コーナリングフォースは, タイヤ中心より後方の少しずれた位置 (着力点という) に, 進行方向に対し直角な横向きの力として生ずる. このタイヤ中心と着力点とのずれを**ニューマチックトレール** (pneumatic trail) という.

また, 進行方向に対して, 反対向きには転がり抵抗が生じているので, 両者の合成力が路面との摩擦力となる. すなわち, この摩擦力が接地中心まわり

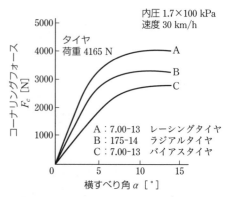

図14・6 コーナリングフォースとタイヤの種類

のモーメントとなり, タイヤを進行方向に戻す力として**セルフアライニングトルク** (self aligning torque:自己復元力) も発生する.

コーナリングフォースは, 図**14・5**のように, 横すべり角が大きくなると増加するが, 横すべり角が小さいときは, 横すべり角に比例してほぼ直線的に増加する. また, コーナリングフォースは, 図からわかるように, タイヤ荷重が増加すると大きくなる. さらに, 図**14・6**のように, タイヤの種類もコーナリングフォースに大きな影響を与える.

14・2 | 自動車の諸性能

1. 走行性能

自動車の走行時における各種の性能のことを**走行性能** (running performance) という. 走行性能を分類すると図**14・7**のようになる.

```
                                    ┌──────────────┐
                              ┌─────│ 登 坂 性 能 │
                              │     ├──────────────┤
                   ┌──────────┤     │ 加 速 性 能 │
              ┌────│ 動 力 性 能 ├─────┤──────────────┤
              │    └──────────┘     │ 燃 費 性 能 │
              │                     ├──────────────┤
     ┌────────┤    ┌──────────┐     │ 最 高 速 度 性 能 │
     │直進性能├────│ 惰 行 性 能 │     └──────────────┘
     │        │    └──────────┘
     │        │    ┌──────────┐
     │        └────│ 制 動 性 能 │
走行 │             └──────────┘     ┌──────────────┐
性能 │                              │ 旋 回 性 能 │
─────┤                              ├──────────────┤
     │                              │ 車線乗り移り性能 │
     │        ┌──────────┐          ├──────────────┤
     │        │          │          │ 横 風 安 定 性 │
     ├────────│曲進性能├──│操縦性・安定性├─┤──────────────┤
     │        └──────────┘          │ 操 舵 力・保 舵 力 │
     │                              ├──────────────┤
     │                              │ 方 向 安 定 性 │
     │                              ├──────────────┤
     │                              │ 手 放 し 安 定 性 │
     │                              ├──────────────┤
     │        ┌──────────┐          │ 高 速 直 進 安 定 性 │
     └────────│ 乗り心地 ├──│騒音・振動・居住性など│─┤──────────────┤
              └──────────┘          │ 安 定 限 界 性 能 │
                                    └──────────────┘
```

図 14·7 走行性能

次に，おもな走行性能について述べる．

2. 動力性能

動力性能は，自動車がエンジンの動力で走行
するときの性能である．自動車が走行するに
は，走行中に生じるいろいろな抵抗に打ち勝つ
駆動力が必要となる．

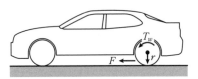

図 14·8 駆動力とトルク

（1） **駆動力** 自動車のドライブホイールから発生する推進力であり，次のように求め
ることができる．

いま，図 **14·8** において，ドライブホイールに働くトルクを T_w [N·m]，ドライブホ
イールの半径を r [m] とすると，このとき路面に働く駆動力 F [N] は

$$F = \frac{T_w}{r} \tag{14·3}$$

である．

ここで，エンジンの発生するトルクを T [N·m] とすると，このトルクは **9** 章で述べた
ように，総減速比 i を経てドライブホイールに伝えられるから，機械効率を η_m とすると

$$T_w = T \cdot i \cdot \eta_m \ [\text{N·m}] \tag{14·4}$$

となり，式(**14·4**)を式(**14·3**)に代入すると

$$F = \frac{i\eta_m}{r} \cdot T \ [\text{N}] \tag{14·5}$$

となる．すなわち，駆動力 F はエンジンのトルク T に正比例する．

（2） **走行抵抗** 自動車には，走行中，その走行を妨げようとする力が発生するが，こ

の力は，自動車を推進する力である駆動力に抵抗する．この抵抗する力の総称を**走行抵抗**（running resistance）という．

走行抵抗には，転がり抵抗，空気抵抗，登坂抵抗，加速抵抗がある．

いま，自動車が水平路面を一定速度で走行していると，発生する走行抵抗は転がり抵抗と空気抵抗の二つである．このうち，転がり抵抗については，**14・1** 節 1 項で述べている．

（i）　空気抵抗

（a）　自動車に働く空気の力　自動車が走行するとき，ボデーに空気の力が作用して抵抗を受ける．これを**空気抵抗**（air resistance）という．また，空気は方向が定まらず，空気の力は自動車に複雑に作用しているので，自動車の運動性および操縦性，安定性に大きな影響を与えている．

ここで，自動車に働く空気の力を図 **14・9** のように単純化してみる．つまり，自動車を図のような座標軸で表わすと，自動車には，X，Y，Z軸方向に働く F_X，F_Y，F_Z の力と，X，Y，Z 軸まわりのモーメント M_X，M_Y，M_Z の六つの力が働いているととらえることができる．この六つの空気の力は，次のように呼ばれている．

F_X：空気抵抗（air resistance）

F_Y：横力（side force）

F_Z：揚力（lift）

M_X：ローリングモーメント
　　　（rolling moment）

M_Y：ピッチングモーメント
　　　（pitching moment）

M_Z：ヨーイングモーメント
　　　（yawing moment）

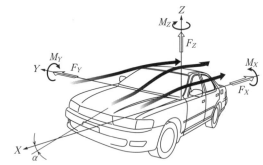

図 14・9　自動車に働く空気の力

なお，図中の自動車の正面方向からの空気と X 軸のなす角 α をヨーイング角（yawing angle：ヨー角）という．

ここでは，空気抵抗 F_X について取り上げる．

（b）　空気抵抗　自動車に働く空気抵抗は，**圧力抵抗**（pressure resistance）と**摩擦抵抗**（frictional resistance）との和であり，圧力抵抗は，次のそれぞれの抵抗の和である．

①　**形状抵抗**　ボデーの形状によって生じる抵抗．

②　**凹凸抵抗**　フェンダミラーなどの突起物によって生じる抵抗．

③　**吹抜け抵抗**　ラジエータからエンジンへの空気の吹抜けなどによって生じる抵抗．

④　**誘導抵抗**　ボデーの下部に入り込んだ空気によってボデーが上方へ持ち上げられる，つまり揚力によって生じる抵抗．

また，摩擦抵抗は，ボデーの表面と空気との摩擦によって生じる抵抗で，ボデー表面のなめらかさによって異なる．

図 **14・10** に乗用車の空気抵抗の比率を示す．このように，空気抵抗は，ボデーの形状によって決定される．この空気抵抗 R_a は次式で求められる．

いま，自動車の前面面積を A [m²]，空気に対する自動車の相対速度を V_a [m/s] とすると，R_a [N] は

$$Ra = C_d A V_a^2 \qquad (14 \cdot 6)$$

となる．ここで，C_d：ボデーの空気抵抗係数である．

自動車の前面面積はボデーの大きさを示す値で，空気抵抗係数はボデーの形状

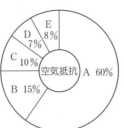

A：形状抵抗
B：ボデー表面の凹凸による抵抗
C：吹抜け抵抗
D：摩擦抵抗
E：誘導抵抗

図 14・10 乗用車の空気抵抗の比率

表 14・2 空気抵抗係数

自動車の種類	空気抵抗係数 C_d
乗用車	0.3 ～ 0.5
トラック	0.4 ～ 0.6
バス	0.5 ～ 0.8
二輪車	0.6 ～ 0.9
アドバンスカー	0.15 ～ 0.3

を示す値である．表 **14・2** に，各種自動車の空気抵抗係数を示す．表中の**アドバンスカー**（advanced car）とは実験車両ことである．

なお，高速道路でのトンネル出口や切通し直後に受ける横風の影響や，大型自動車に追い越されるとき衝撃的に空気の力が働いて横揺れが生じるが，空気抵抗によるものである．

（c）**風洞試験**　空気抵抗をできるだけ小さくするために，ボデーの形状をどうするかが問題となる．ボデー形状の決定を空気力学上から検討する方法として用いられているのが風洞試験である．図 **14・11** は，風洞試験によってとらえたボデー各部の空気の流れの状態を示したものである．

図 14・11　ボデー各部の空気の流れ

（ii）　**走行抵抗と駆動力の関係**

自動車が水平路面を一定速度で走行しているときの走行抵抗の大きさ R [N] は

$$R = R_r + R_a = \mu_r g W + C_d A V^2 \qquad (14 \cdot 7)$$

となる．したがって，自動車は一定速度で走行しているので，駆動力 F と走行抵抗 R の大きさは同じであるから

$$F = R$$

となり，式(**14・1**)と式(**14・7**)から

$$\frac{Ti\eta_m}{r} = \mu_r g W + C_d A V^2$$

となり，車速 V [m/s] は

$$V = \sqrt{\frac{\dfrac{Ti\eta_m}{r} - \mu_r g W}{C_d A}} \tag{14・8}$$

で求められる．

（**3**）**登坂性能**　自動車が一定の速度で坂道を走るとき，自動車の総質量の斜面に平行な分力は，進行方向と反対向きに働くので，登坂を妨げる力になる．この妨げる力のことを**こう配抵抗**（hill climbing resistance）と呼んでいる．

　図 **14・12** における走行抵抗は，転がり抵抗と空気抵抗，こう配抵抗の和となる．

　斜面の傾き角を θ，自動車の質量を W [kg] とすると，図に示したように，自動車の質量 W [kg] は，斜面に平行な分力すなわちこう配抵抗 X [kg] と，斜面に垂直な分力 Y [kg] であるから，走行抵抗 R [N] は，次のように求められる．

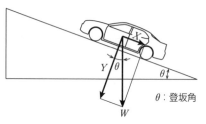

θ：登坂角

図 14・12　こう配抵抗

$$\begin{aligned} R &= R_r + R_a + R_g = \mu_r g Y + C_d A V^2 + g X \\ &= \mu_r g W \cos\theta + C_d A V^2 + g W \sin\theta \\ &= g W(\mu_r \cos\theta + \sin\theta) + C_d A V^2 \end{aligned} \tag{14・9}$$

ここで，R_g：こう配抵抗 [N]，R_r：転がり抵抗 [N]，R_a：空気抵抗 [N] である．

　式(**14・9**)において，登坂時の車速は遅いので空気抵抗を無視し，かつ $\cos\theta \fallingdotseq 1$ とすると，走行抵抗 R [N] は

$$R = g W(\mu_r + \sin\theta)$$

となる．このとき，等速走行しているので，$F = R$ となるから

$$\frac{Ti\eta_m}{r} = g W(\mu_r + \sin\theta)$$

したがって

$$\sin\theta = \frac{Ti\eta_m}{g W r} - \mu_r \tag{14・10}$$

となる．

　ここで，自動車のローの変速比から求めた総減速比 i を式(**14・10**)に代入すると，θ の

最大値が求められる．この値が自動車の登坂性能である．

（4）　**加速性能**　自動車を加速したときには，一定の速度で走行していたときの転がり抵抗，空気抵抗，こう配抵抗のほかに，加速抵抗が発生する．

自動車を加速させるには，等速走行している自動車の慣性に打ち勝ち，さらに，自動車のエンジンからドライブホイールまでの回転部分の速度を増加させるための慣性にも打ち勝つ必要がある．この二つの慣性に打ち勝って加速が行なわれるので，これらを**加速抵抗**（accelerating resistance）と呼ぶ．

この加速抵抗に打ち勝って加速するときの，自動車のエンジンの出力の余裕を示す性能のことを**加速性能**という．

いま，自動車の質量を W [kg]，自動車の加速度を α [m/s^2]，標準重力加速度を g [m/s^2] とすると，加速抵抗 R_{ac} [N] は次式で求められる．

$$R_{ac} = (1+\sigma)\frac{gW}{g}\alpha \tag{14·11}$$

ここで，σ は回転部分相当質量係数で，乗用車の場合には，トップ状態で 0.08，低速状態で 0.7 くらいである．

（5）　**全走行抵抗**　自動車が，こう配のある道路を加速しながら走行していると，すべての走行抵抗が働いている．このときの全走行抵抗 R [N] は

$$R = R_r + R_a + R_g + R_{ac}$$
$$= \mu_r gW\cos\theta + C_d AV^2 + gW\sin\theta + (1+\sigma)\frac{gW}{g}\alpha$$
$$= gW\left\{\mu_r\cos\theta + \sin\theta + (1+\sigma)\frac{\alpha}{g}\right\} + C_d AV^2 \tag{14·12}$$

となり，$F = R$ であるから

$$\frac{Ti\eta_m}{r} = gW\left\{\mu_r\cos\theta + \sin\theta + (1+\sigma)\frac{\alpha}{g}\right\} + C_d AV^2 \tag{14·13}$$

となる．したがって，式（**14·13**）に走行状態に応じた各値を代入すれば，その走行状態における動力性能が求められる．

しかし，実際に自動車が走行を続けるためには，$F > R$ が必要条件である．ここで，$(F-R)$ つまり駆動力と全走行抵抗の差を**余裕駆動力**（excess force）といい，余裕駆動力の大きい自動車ほど加速性がよい．

図 **14·13** は，自動車の走行速度に対する駆動力，走行抵抗およびトランスミッションの各変速比におけるエンジンの回転数の変化をまとめたもので，自動車の**走行性能曲線図**（automobil performance diagram）と呼ぶ．こう配 0 % の路面（平坦路）を変速比トップ，車速 80 km/h で走行しているとき，図から，駆動力は B 点の 1176 N，走行抵抗は

A 点の 343 N, エンジン回転数は C 点の 3300 rpm であることがわかる.

したがって, 駆動力 1176 N のうち, 343 N が走行抵抗のために消費され, 残りの 833 N が, 自動車を加速させる駆動力に使うことができるので, この 833 N の駆動力が余裕駆動力となる. また, このとき出すことのできる自動車の最高速度は, トップの駆動力曲線とこう配 0 % 路面の走行抵抗曲線の交点 D から求められる 150 km/h であることもわかる.

図 **14·14** に 5 速マニュアルトランスミッションの走行性能曲線図を, 図 **14·15** に 4 速オートマチックトランスミッションの走行性能曲線図を示すが, 自動車, エンジン, タイヤなどは同じである.

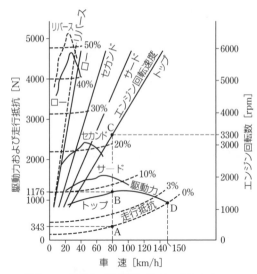

〔注〕 1. 駆動力は各変速位置ごとに示される.
2. 走行抵抗は路面のこう配ごとに示される.
3. エンジン回転数は各変速位置ごとに直線で示される.

図 14·13 走行性能曲線図

（6） **燃費性能**　自動車の経済性を示す性能で, 次のような値で表わされる.

① 燃料 1 l 当たりの走行距離 [km/l].

② 100 km の走行に要した燃料消費量 [l/100 km].

③ (積荷荷重)×(輸送距離) に対する燃料消費量 [l/9.8 kN·km].

④ (輸送人員)×(輸送距離) に対する燃料消費量 [l/人·km].

乗用車は, 燃料 1 l 当たりの走行距離で燃費性能が表わされるが, エンジンの**燃料消費率** (rate of fuel consumption) が最小の状態で走行しているときが最も経済的である.

いま, 車速を V [km/h], エンジンの 1 時間当たりの燃料消費量を B [l/h], エンジンの軸出力を P_e [kW], エンジンの燃料消費率を f [kg/kW·h], 燃料の比重量を γ [kg/l] とすると, 自動車の燃料 1 l 当たりの走行距離 L [km/l] は次式で求められる.

$$L = \frac{V}{B} = \frac{\gamma V}{P_e f} \qquad\qquad (14 \cdot 14)$$

したがって, L は V, P_e, f によって変化し, f が最小値のときの車速 V が最も経済的である.

（7） **最高速度性能**　自動車が水平で平らな路面を走行するとき, 自動車が出し得る最

5 速 MT　減速比 3.583 (4S-FE 原動機)				変速比
エンジン	最大出力	88/6000 kW/rpm	ロー	3.566
	最大トルク	162/4600 N·m/rpm	セカンド	2.056
車両総質量		1530 kg	サード	1.384
タイヤ	サイズ	185/70 R 14 88 S	フォース	1.000
	有効半径	0.301 m	トップ	0.850
			リバース	4.091
			減速比	3.583

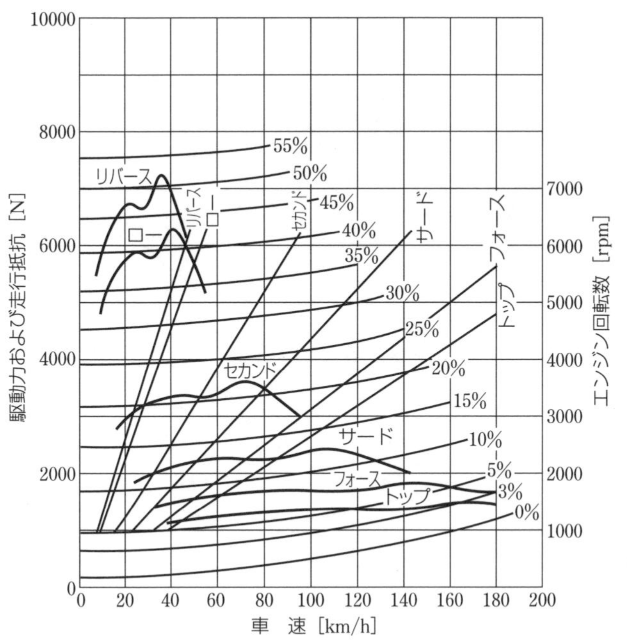

図 14·14　走行性能曲線図（5 速マニュアルトランスミッション）

高速度で示される値のことを**最高速度性能**という．この性能は，高速での加速の余裕や耐久性を示すスケールでもある．

3.　惰行性能

　自動車が走行中，シフトレバーをニュートラルにしてエンジンの動力を断つと，自動車は走行していた慣性力で前進を続け，走行抵抗によって減速され，やがて停止する．このように，慣性力のみで前進することを**惰行**（coasting）といい，このときの性能を**惰行性能**という．

　転がり抵抗や空気抵抗が小さいほど減速の割合が小さいので，惰行性能はよいといえ

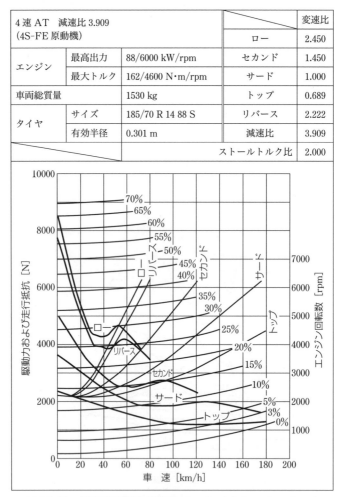

4 速 AT　減速比 3.909 （4S-FE 原動機）				変速比
			ロー	2.450
エンジン	最高出力	88/6000 kW/rpm	セカンド	1.450
	最大トルク	162/4600 N・m/rpm	サード	1.000
車両総質量		1530 kg	トップ	0.689
タイヤ	サイズ	185/70 R 14 88 S	リバース	2.222
	有効半径	0.301 m	減速比	3.909
			ストールトルク比	2.000

図 14・15　走行性能曲線図（4 速オートマチックトランスミッション）

る．したがって，惰行性能がよい自動車ほど転がり抵抗や空気抵抗の小さいすぐれた自動車である．

4.　制動性能

　自動車が走行中，急に止まる必要が生じたとき，最短距離で停止させる性能のことを**制動性能**という．制動状態を分析すると，次のように空走状態と実制動状態の二つに分けられる．

　（1）　空走状態　運転者が危険を察知して加速ペダルからブレーキペダルに踏み替えて，制動が実際に効き始めるまでの期間で，この間は踏替え中の速度のまま走行が続く

ので，この車速のことを**制動初速**
(initial speed of braking) と呼ぶ．
また，このときの時間を**空走時間**
(free running time)，走行距離を**空
走距離**（free running distance）と
いう．

（**2**） **実制動状態** 実際に制動が
効き始めてから自動車が完全に停
止するまでの期間で，このときの
時間を**実制動時間**（active braking
time），走行距離を**実制動距離**（ac-
tive braking distance）または**制動距
離**という．

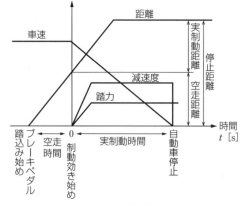

図 14·16 制動時の変化

（**3**） **制動時の変化** 制動時の変化は，図 **14·16** のような状態になる．図のように，
制動効き始めの時間 t を 0 とすると，$t > 0$ の場合が実制動状態であり，$t < 0$ の場合が空
走状態である．

図からわかるように，ブレーキの踏力に比例して減速度が増加し，車速は減少して停
止点に達する．したがって，停止距離（stopping distance）は，$t < 0$ の空走距離と $t > 0$
の実制動距離の和となる．しかし，空走距離は運転者によって変わるので，自動車の制動
性能の比較に用いられるのは実制動距離である．

このように，**制動性能**は，ブレーキの踏力，すなわちブレーキのかけ方やブレーキ装置
の性能によって大きく左右されるが，制動初速や自動車の質量にも影響される．

いま，制動初速を V [m/s]，路面の摩擦係数を τ，標準重力加速度を g [m/s^2] とする
と，制動距離 L [m] は次式で求められる．

$$L = \frac{V^2}{2g\tau} \tag{14·15}$$

したがって，制動距離は路面の摩擦係数によって変化し，制動初速の 2 乗に比例して大
きくなる．

5. 操縦性，安定性

自動車を曲進させるとき，ステアリングホイールを切る．このとき，自動車が運転者の
意志にしたがった旋回運動をするかを示す性能のことを**操縦性**と呼ぶ．また，曲進が終
わってステアリングホイールを元に戻したときの自動車の動きや，空気・路面などの外部
の影響を受けたときの自動車の動きなどを示す性能のことを**安定性**という．

ここで，操縦性・安定性を具体的に示すおもな性能について述べる．

　自動車の曲進時における操縦性に大きく影響を与えるのが，その自動車のもつ曲進走行の特性である．この特性のことを**旋回性能**という．また，自動車は，図**14·17**のように，A点でステアリングホイールを一定の角度で切ったまま等速走行すると，一定の半径の円を描いて旋回する．このような状態の旋回のことを**定常円旋回**という．

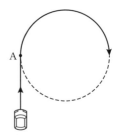

図14·17 定常円旋回

　以上からわかるように，ステアリングホイール角や車速を変えれば旋回半径も変化する．

　（1）旋回特性 定常円旋回の状態から，ターニング角（かじ取り角）を一定にしたまま車速を増すと，自動車の旋回には，図**14·18**のような特性が表われる．

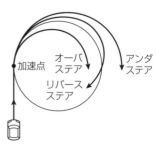

図14·18 旋回特性

　① **オーバステア**（over steer）旋回半径が小さくなって巻き込む形になる性質．したがって，車速の増加につれてステアリングホイールを戻さなければならない．

　② **アンダステア**（under steer）旋回半径が大きくなって外側へそれていく性質．したがって，車速の増加につれてステアリングホイールをさらに切る必要がある．自動車は，人間のもっている特性から，わずかなアンダステアの性質をもっているほうがよい．

　③ **リバースステア**（reverse steer）旋回半径が，始めはアンダステアで，途中からオーバステアに移る性質．

　（2）低速時の旋回 低速時の旋回は，遠心力が小さいので，図**14·19**のように行なわれる．このときの旋回中心Oは，図に示すように，フロントホイールの外側ホイールと内側ホイールの中心点がリアアクスルの延長線上で一致し，外側ホイールと内側ホイールは同心円上をスムーズに旋回する．なお，図に示される旋回方向のフロントホイールとリアホイールの旋回半径の差（$r_1 - r_3$）のことを**内輪差**（turning radius difference）という．

　（3）高速時の旋回 高速時の旋回は，ボデーに遠心力が大きく働くので，フロント・リ

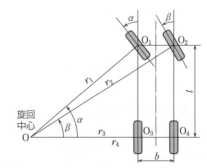

$r_3: \overline{OO_3}$　l：ホイールベース
$r_4: \overline{OO_4}$　b：トレッド

図14·19 低速時の旋回

アホイールには，**14·1**節**3**項で触れたように横すべりが生じてコーナリングフォースが発生し，旋回が可能となる．このとき，横すべり角が大きいほど旋回半径は大きくなる．

6.　乗り心地性能

自動車は，その目的に応じた乗り心地のよさをもつことが必要である．この乗り心地のよさの良否を数値で表わしたものを**乗り心地性能**という．

乗り心地性能を決める要素のおもなものには，振動，騒音，カーエアコンディショナがある．

（**1**）　**振動乗り心地性能**　トラックに乗ると振動が激しく，乗り心地がわるいが，乗用車では乗り心地がよい．このように振動に対する乗り心地の良否を数値で表わしたものを**振動乗り心地性能**という．

自動車の振動には，図 **14·20** のように，X 軸まわりに振動するローリング（rolling），Y 軸まわりに振動する**ピッチング**（pitching），Z 軸まわりに振動する**ヨーイング**（yawing），Z 軸に沿って振動する**バウンシング**（bouncing）などがある．このうち，ヨーイングは問題にするほど大きくなく，またローリングはスタビライザによって軽減される．したがって，乗り心地に大きく関係する振動はピッチングとバウンシングであり，この二つの振動が合成されて自動車を揺動している．

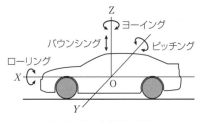

図 14·20　自動車の振動

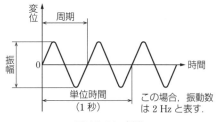

図 14·21　振動

振動は，図 **14·21** のように，振動数と振幅によって表わされる．物体の固有の振動数は硬いものより柔らかいもの，小さいものより大きいもののほうが低いことは知られている．したがって，最も乗り心地のよいのは振動のないときであるが，この状態に近づけるには，できるだけ柔らかく大きい緩衝スプリングを用いればよい．

ところが，柔らかくて大きいスプリングは，振幅が大きくなって乗り心地がわるくなる．そこで，振動のエネルギーをショックアブソーバによって吸収し，振幅をはやく減衰させている（**12** 章参照）．

（**2**）　**環境乗り心地性能**　自動車の運転者や乗員に対する環境の良否を表わしたものを**環境乗り心地性能**という．

環境の良否を表わす要素は種々あるが，要素を数値で表わすことはむずかしい．また，

人間の好みによって違いもあるが，いずれにしても，環境は乗り心地に対して重要な役割をもっている．そのおもなものを取り上げてみる．

（i）**騒音** 人間が不快な思いをする音を**騒音**と呼ぶ．自動車の騒音は，エンジン，動力伝達装置などの騒音，振動やボデーの風切り音，路面と接触して転動しているタイヤなど，種々の発生源が考えられるが，大別すると，車室内騒音と車外騒音に分けられる．

車室内騒音は，運転者や乗員の環境に大きく影響し，注意力をなくし，疲労を増すなどの悪影響を与える．また，車外騒音は，公害の原因となり，深刻な社会問題をもたらす．したがって，法令でも自動車の騒音防止についてきびしく規制している．

自動車の騒音発生源を突き止め，騒音をできるだけ小さくすることが，自動車内外の環境をよくしていくことにつながる．

（ii）**居住性** 運転者をはじめとする乗員の総合的な快適さを示すもので，室内スペースや座席，内装やカーエアコンディショナなどが大きな影響を与える．

運転者や乗員が座席に座ったときの室内空間の大小やドライビングポジションの良否，および自動車の視界の大小などや，座席によって支えられる運転者や乗員の姿勢の良否，内装の造形的感覚や色調などが快適さに大きな影響を与える．そして，車室内の空気の温度，湿度，臭気などを調節するカーエアコンディショナも快適さに大きな影響を与える．

したがって，自動車の居住性をよりよくすることは，自動車にとって重要な問題であることはいうまでもない．

15

自動車のいま・これから

現在の自動車は，電子技術の発達により電子制御されている機器や装置が多く使われてきており，その範囲は今後ますます広くなっていくものと考えられている．

また，自動車にも IT（information technology：情報技術）や AI（artificial intellgence：人工知能）の活用が期待されており，空想の社会のものであった"自動車の自動運転"や"空飛ぶ自動車"の実現も，そう遠いものではなくなってきている．

図 **15·1** のように，自動車 1 台当たり数 10 個の電子制御（electronic control unit：ECU）が搭載されており，自動車の運転性能の向上，環境への配慮や安全性の追求などの装置が研究・開発され，実現してきている．この章では，自動車技術のいま・これからについて学ぶこととする．

図 15·1 ECU 搭載のイメージ

15·1 | 先進安全自動車

先進安全自動車（advanced safety vehicle：ASV）とは，先進技術を利用して安全運転を支援するシステムをもつ自動車のことである．実用化されている ASV 技術のおもなものを紹介する．

1. クルーズコントロール

自動車の自動調速装置のことで，設定された速度に達した後は，加速ペダルから足を離してもその速度を保って走り続ける機能である．加速ペダルかブレーキペダルを踏むと，クルーズコントロール（cruise control）は解除される．

しかし，いままでのクルーズコントロールでは，遅い先行車に追いつくとブレーキ操作が必要となるし，ドライバーの集中力が途切れると居眠りを引き起こしやすいので，自動ブレーキ機能を加えた追従機能付きクルーズコントロールも開発・実現されている．

2. 車線維持支援システム

自動車が車線を外れることによる事故を未然に防ぎ，車線の中央を保って走行できるように警報で知らせたり，ハンドル操作を支援する制御装置である．

3. 同一車線連続走行支援システム

安全な車間距離を保って走行できる追従機能付きクルーズコントロールと，常時ステアリングを制御できる車線維持支援システムを組み合わせ，高速道路の同一車線を連続して走行できる運転支援システムの一つである．

渋滞や混雑時は車線と先行者の情報を組み合わせて対応している．たとえばスバルの車のアシストは 0 〜 120 km/h の全速度域で対応し，渋滞時にも対応できている．

4. 横すべり防止装置（electronic stability control）

この装置は，曲進時に自動車の姿勢を制御して，ABS（**10 章**参照）の制御を行ない，ECU で横にすべる動きを抑制する制御装置である．

5. 衝突被害軽減システム

自動車の追突事故を未然に防ぎ，発生したときでも乗員の被害を最小限に抑える装置である．ミリ波レーダで先に行く自動車などを検知し，衝突の可能性があるとき，図 **15·2** のように，警報やブレーキ制御で衝突を回避している．警報後，運転者がブレーキを踏めばブレーキ力をアシストし，ブレーキを踏めないときは自動的にブレーキ作動をする制御装置である．

図 15·2 衝突被害軽減システム

6. エアバッグ（air bag）

1974 年，アメリカのゼネラルモーターズ（GM）車に初めて搭載された SRS（supplemental restraint system：補助拘束装置）で，シートベルトの働きを補助して致命傷を防ぐための装置である．

図 **15·3** に示すが，衝突の衝撃をセンサが感知してガス発生装置（inflator）を点火し，発生した窒素ガスは，100 〜 300 km/h の速さでエアバッグを 0.03 秒という短時間で膨らませて衝撃を緩和する．エアバッグは膨らむがすぐにしぼむので，事故後の対応ができるようになる．

エアバッグの展開
0.03 秒

図 15·3 エアバッグの展開

7. バックスキャナ（back scanner），バックソナー（back sonar）

自動車の後方の障害物などを超音波センサで自動的にとらえ，警報などで知らせてくれる制御装置である．

8. パーキングアシスト

パーキングアシスト（parking assist：駐車支援システム）は，自動車をバックして駐車するとき，ハンドルを自動操作するもので，シフトを"R"に入れるとセンサが駐車スペースを確認し，パーキングアシスト開始ボタンを押すとハンドルの自動操作が開始されるので，加速ペダルを踏むと，ゆっくりバックして駐車を行なう．しかし，パーキングアシストはハンドル操作の補助システムであるから，運転者は安全確認を行なってから駐車するのが基本である．

9. アダプティブフロントライティングシステム

曲進走行をしていると，自動車の向いている方向と進行方向にずれが生じ，夜間走行のときはコーナーの先までヘッドライトの光が届かなくなる．アダプティブフロントライティングシステム（adaptive front lighting system：AFS）は，ステアリング連動ヘッドライトとも呼ばれるもので，ライトユニット内のモータによって，車速センサやステアリング角センサからの情報で光源やリフタなどを動かし，光軸を振ってコーナーの先までの視界をよくしている．

10. カーナビゲーション（automotive navigation system）

電子的に自動車の走行時に現在位置や目的地への経路案内を行なう機能で，カーナビゲーションと呼ばれる電子制御装置である．一般に"カーナビ"，"ナビ"などと呼ばれている．地図データなどの情報を内蔵し，目的地や現在地の情報を検索したり，地図上に表示したりする．

図15·4に表示地図の一例を示す．高音質のオーディオ機能が充実しているオーディオ一体型のカーナビが多く使われている．現在位置を割り出す方法にGPS衛星を利用する方法や自立航法装置を用いる方法などがある．GPS（global positioning system）とはアメリカ合衆国によって運用される衛星測位システム（地球上の現在位置を測定するためのシステム）で，GPS衛星からの信号をGPS受信機で受け取り，受信者が自身の現在位置を知ることができるシステムである．

図15·4　カーナビゲーションの表示地図の一例

11. ドライブレコーダ（drive recorder）

自動車前後の画像や映像を記録するもので，常時録画タイプとイベント録画タイプの二つの記録タイプがある．

常時記録タイプは，自動車の動作に関係なく連続的に映像を記録するタイプで，イベント記録タイプは，自動車に衝撃が加わったとき（衝突時や急ブレーキ時など）に自動的に映像を記録するタイプである．

12. キーレスシステム（key less system）

自動車のドアをリモコン機能で施錠・解錠ができるシステムで，エンジンの始動ができるものもある．キーまたはリモコンとエンジンが電子制御で通信し，それを認証して施錠・解錠やエンジンの始動もできる．

13. 車載式故障診断装置（on-board diagnostics：OBD）

エンジンやトランスミッションなどの ECU 内部に搭載されている故障診断機能において，ECU 内部に断線や機能異常などの不具合が生じると，その情報を ECU に自動的に記録する制御装置である．図 15・5 に自己故障診断のしくみを示す．

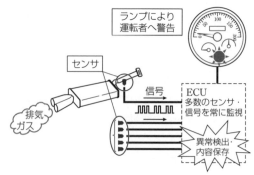

図 15・5 自己故障診断のしくみ

15・2 | 自動運転車

運転者をまったく必要としない自動車こそ理想の**自動運転車**といえるが，実現にはまだまだ時間がかかりそうである．

表 15・1 に，アメリカ自動車技術者協会（SAE）が区分している"運転自動化レベル"の 6 段階を示す．レベル 5 は完全運転自動化であるが，現在の日本では，レベル 2 まで自動化された自動車が販売されている．

1. レベル 1 からレベル 2 まで

① **レベル 0**　自動運転技術のない自動車である．

② **レベル 1**　加速や減速だけをシステムが行なうものや，ステアリングだけをシステムが行なう段階のもので，追従機能付きクルーズコントロールや車線維持支援システムなどが該当する．

③ **レベル 2**　高速道路などの限られた条件下では"自動運転風"が可能であるが，運転者は常にハンドルを握り，運転の責任はすべて運転者のかかっている．したがって，レベル 2 までの自動車は，"自動運転車"でなく**運転支援車**と呼ばれている．実用化されているものは加速・減速とステアリング操作の双方をシステムが行なうもので，同一車線連

表 15·1 運転自動化レベル

レベル	概要	運転操作の主体
レベル 0 運転自動化なし	ドライバーがすべての運転操作を実行.	ドライバー
レベル 1 運転支援	システムがアクセル・ブレーキ操作またはハンドル操作のどちらかを部分的に行なう.	ドライバー
レベル 2 部分運転自動化	システムがアクセル・ブレーキ操作またはハンドル操作の両方を部分的に行なう.	ドライバー
レベル 3 条件付き運転自動化	決められた条件下で,すべての運転操作を自動化.ただし,運転自動化システム作動中も,システムからの要請でドライバーはいつでも運転に戻らなければならない.	システム (システム非作動の場合はドライバー)
レベル 4 高度運転自動化	決められた条件下で,すべての運転操作を自動化.	システム (システム非作動の場合はドライバー)
レベル 5 完全運転自動化	条件なく,すべての運転操作を自動化.	システム

〔**参考**〕 JSAE(Society of Automotive Engineering of Japan:自動車技術協会)の「運転自動化レベルの概要」による.

連続走行支援システムが該当する.たとえば,トヨタ「MIRAI」,ニッサン「スカイライン」,スバル「レヴォーグ」などの自動車がこの機能を備えている.

2. レベル3からレベル5まで

① **レベル3** 走行場所などが決められた条件の下で,すべての運転操作を自動運転システムに任せることができる段階.ただし,運転者はシステムの要求に応じて,いつでも運転できる状態にしていなければならない.たとえば,ホンダの「レジェンド」がこのレベルにある.

② **レベル4** 決められた条件下ですべての運転操作を自動運転に任せることができるが,運転の引継ぎを運転者に要請することもある段階である.

③ **レベル5** 無人運転可能な理想の自動運転車といえるが,解決する課題が多く,実現までには相当な時間がかかる.

現段階での自動運転車は,レベル4以上には至っていない.

3. 自動運転のメリット

自動運転のメリットは,ユーザーの利便性や快適性の向上,そして生産性の向上などが考えられるが,交通事故の大幅な減少も期待できる.さらに,交通渋滞の解消や緩和,公共交通機関が減少している地方での移動手段としても期待されている.しかし今後,自動車のあり方や社会のあらゆる分野に大きな影響を与えることにも充分に考えていかなければならない.

15·3 高度道路交通システム

高度道路交通システム（integrated truss structure：ITS）は，自動車と道路と人の間で情報の受発信を行ない，安全や環境，利便性などから交通社会を改善するシステムで，1990年代から国が中心となって研究開発が行われている．現在，実用化されているものにETCとVICSがある．

1. 電子料金収受システム

ETC（electronic toll collection system）とは高度道路交通システムの一つで，有料道路料金所で停止することなく通過できるノンストップ自動料金収受システムである．

2. 道路交通情報通信システム

VICS（vehicle information and communication system：ビックス）は，一般財団法人道路交通情報通信システムセンター（VICSセンター）が収集・処理・編集した道路交通情報を通信・放送メディアに送信し，自動車のカーナビなどの車載装置に文字や図形などで表示して情報を提供するシステムである．

運転者のニーズに応じた利便性を向上させるとともに，輸送時間の短縮によるコストの削減，的確な状況把握による安全性の向上，交通の円滑化による環境の保全などを可能にするシステムである．さらに，運転者の適正なルート選択を促して快適でスムーズなドライブをサポートし，交通量を適切に分散させて道路交通の安全性や円滑性を向上させ，道

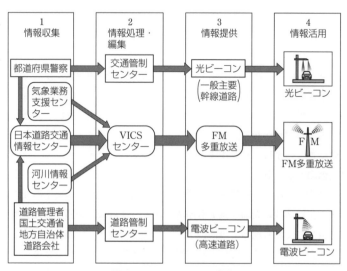

図 15·6 VICS の四つの機能

路環境の改善にもつながるシステムで，"渋滞ゼロ社会"を目指している．

図 **15·6** に VICS の四つの機能の流れを，図 **15·7** に運転者が VICS からの情報提供を受ける手段を示す．

また，ITS Connect（インフラ協調型安全運転支援システム）が実用化されているものに，路車間通信を行なう**安全運転支援システム**（driving safety support system：DSSS）がある．見通しの悪い交差点などに車両や歩行者を検知するセンサと，路肩に無線通信を接地し，直進車や歩行者を見落として右折しそうになると路車間通信を行う DSSS が注意喚起をしてくれる．DSSS は情報通信技術を用い，人，物，道路，自動車をネットワークでつなぎ，運転者の認知の遅れや判断ミスによる交通事故を未然に防ぐことを目的にした交通安全システムである．図 **15·8** に路車間通信を行なう DSSS の一例を示す．

図 15·7 VICS を受信するには

図 15·8 路車間通信を行なう DSSS の一例

このように移動通信技術を利用してインターネットなどとつながることで安全性と利便性を向上させた自動車のことを**コネクテッドカー**（connected car），**つながるクルマ**といい，自動運転車の実現につながっている．

主要参考図書

1) 青山元男：カー・メカニズム・マニュアル，ナツメ社，1991．
2) 荒井宏：自動車の電子システム，理工学社，1992．
3) 出射忠明：自動車メカニズム図鑑，グランプリ出版，1982．
4) 小栗幸正：初学者のための内燃機関，理工学社，1964．
5) 齋輝夫：自動車工学入門，理工学社，1991．
6) GP企画センター（編）：自動車のメカはどうなっているか，グランプリ出版，1993．
7) 自動車工学編集委員会（編）：自動車工学，山海堂，1988．
8) 鈴木五郎（監）：新クルマ用語の正しい知識，芸文社，1989．
9) 全国自動車整備学校連盟（編）：自動車整備工学全書，山海堂，1985．
10) 日本機械学会（編）：機械工学便覧，日本機械学会，1987．
11) 日本規格協会（編）：JISハンドブック，自動車，日本規格協会，1988．
12) NHK（編）：人間は何をつくってきたか2，自動車，日本放送出版協会，1980．
13) 橋田卓也：クルマのドライブトレーン，山海堂，1994．
14) 平尾収：自動車一般，実教出版，1977．
15) 三橋孝：ターボ車の知識と特性，山海堂，1980．
16) 渡部一郎ほか：原動機，実教出版，1983．
17) 古川修：ダイナミック図解 自動車のしくみパーフェクト事典，ナツメ社，2015．
18) 齋 輝夫：自動車工学入門（第3版），オーム社，2019．
19) 飯嶋洋治：自動車エンジンの基礎知識，日刊工業新聞社，2019．
20) 青山元男：クルマのメカニズム大全，ナツメ社，2019．

索引

自動車工学概論（第2版）

1995 年 8 月 1 日	第 1 版第 1 刷発行
2021 年 3 月 15 日	第 2 版第 1 刷発行
2024 年 5 月 10 日	第 2 版第 3 刷発行

著　者	竹花有也
発行者	村上和夫
発行所	株式会社 オーム社
	郵便番号　101-8460
	東京都千代田区神田錦町 3-1
	電話　03(3233)0641(代表)
	URL　https://www.ohmsha.co.jp/

© 竹花有也 2021

印刷・製本　平河工業社
ISBN978-4-274-22689-2　Printed in Japan